Adobe® 创意大学指定教材

Adobe® 创意大学
Photoshop 产品专家认证
标准教材（CS6修订版）

◎ 易锋教育　总策划
◎ 曾祥民 戴励强 褟圆华 王新民 编著

印刷工业出版社

内容提要

Photoshop软件是当前功能最强大、使用范围最广泛的图形图像处理软件。它集图像设计、合成以及高品质输出功能于一体，具有十分完善的图像处理和编辑功能。本书知识讲解安排合理，着重于提升学生的岗位技能竞争力。

本书知识结构清晰，以"理论知识+实战案例"的形式循序渐进地对知识点进行了讲解，版式设计新颖，对Photoshop CS6产品专家认证的考核知识点在书中进行了加黑、加着重点的标注，使读者一目了然，方便初学者和有一定基础的读者更有效率地掌握Photoshop CS6的重点和难点。本书内容丰富，全面、详细地讲解了Photoshop CS6产品的各项功能，包括选区的创建与编辑、图层知识、蒙版与通道、图像色彩调整、绘画与图片修饰、文字与矢量工具、滤镜、3D图像、动作自动化与视频动画等内容。

本书可以作为参加"Adobe创意大学产品专家认证"考试学生的指导用书，还可以作为各院校和培训机构"数字媒体艺术"相关专业的教材。

图书在版编目（CIP）数据

Adobe创意大学Photoshop产品专家认证标准教材(CS6修订版)/曾祥民，戴励强，禤圆华，王新民编著.
—北京：印刷工业出版社，2013.12
ISBN 978-7-5142-0957-0

I.A… II.①曾…②戴…③禤…④王… III. 图形软件，Photoshop CS6－教材 IV. TP391.41

中国版本图书馆CIP数据核字(2013)第064111号

Adobe创意大学Photoshop产品专家认证标准教材(CS6修订版)

编　　著：曾祥民　戴励强　禤圆华　王新民

责任编辑：张　鑫

执行编辑：周　蕾　　　　　　　　责任校对：郭　平

责任印制：张利君　　　　　　　　责任设计：张　羽

出版发行：印刷工业出版社（北京市翠微路2号 邮编：100036）

网　　址：www.keyin.cn　　www.pprint.cn

网　　店：//pprint.taobao.com

经　　销：各地新华书店

印　　刷：三河国新印装有限公司

开　　本：787mm×1092mm　　1/16

字　　数：448千字

印　　张：17.75

印　　数：1~4000

印　　次：2013年12月第1版　2013年12月第1次印刷

定　　价：36.00元

ISBN：978-7-5142-0957-0

◆ 如发现印装质量问题请与我社发行部联系　直销电话：010-88275811

丛书编委会

主　任：黄耀辉

副主任：赵鹏飞　毛屹槟

编委（或委员）：（按照姓氏字母顺序排列）

范淑兰　高仰伟　何清超　黄耀辉

纪春光　刘　强　吕　莉　马增友

毛屹槟　王夕勇　于秀芹　曾祥民

张　鑫　赵　杰　赵鹏飞　钟星翔

本书编委会

主编：易锋教育

编者：戴励强　龚连祥　胡艳微　贾　艳　沈淑英

王新民　禤圆华　曾祥民　赵春立

审稿：张　鑫

Adobe 是全球最大、最多元化的软件公司之一，以其卓越的品质享誉世界，旗下拥有众多深受广大客户信赖和认可的软件品牌。Adobe 彻底改变了世人展示创意、处理信息的方式。从印刷品、视频和电影中的丰富图像到各种媒体的动态数字内容，Adobe 解决方案的影响力在创意产业中是毋庸置疑的。任何创作、观看以及与这些信息进行交互的人，对这一点更是有切身体会。

中国创意产业已经成为一个重要的支柱产业，将在中国经济结构的升级过程中发挥非常重要的作用。2009 年，中国创意产业的总产值占国民生产总值的 3%，但在欧洲国家这个比例已经占到 10% ~ 15%，这说明在中国创意产业还有着巨大的市场机会，同时，这个行业也将需要大量的与市场需求所匹配的高素质人才。

从目前的诸多报道中可以看到，许多拥有丰富传统知识的毕业生，一出校门很难找到理想的工作，这是因为他们的知识与技能达不到市场的期望和行业的要求。出现这种情况的主要原因在很大程度上在于教育行业缺乏与产业需求匹配的专业课程以及能教授学生专业技能的教师。这些技能是至关重要的，尤其是中国正处在计划将自己的经济模式与国际角色从 "Made in China/ 中国制造"提升为具备更多附加值的 "Designed & Made in China/ 中国设计与制造" 的过程中。

Adobe® 创意大学（Adobe® Creative University）计划是 Adobe 公司联合行业专家、行业协会、教育专家、一线教师、Adobe 技术专家，面向国内动漫、平面设计、出版印刷、eLearning、网站制作、影视后期、RIA 开发及其相关行业，针对专业院校、培训机构和创意产业园区创意类人才的培养，以及中小学、网络学院、师范类院校师资力量的建设，基于 Adobe 核心技术，为中国创意产业生态全面升级和教育行业师资水平和技术水平的全面强化而联合打造的全新教育计划。

Adobe® 创意大学计划旨在与国内专业院校、培训机构、创意产业园区以及国家教育主管部门联合，为中国创意行业和教育行业培养更多专业型、实用型、技术性的高端人才，并帮助学生和从业人员快速完成职业和专业能力塑造，迅速提高岗位技能和职业水平，强化个人的市场竞争力，高质、高效地步入工作岗位。

为贯彻 Adobe® 创意大学的教育理念，Adobe 公司联合多方面、多行业的人才组成教育专家组负责新模式教材的开发工作，把最新 Adobe 技术、企业岗位技能需求、院校教学特点、教材编写特点有机结合，以保证课程技能传递职业岗位必备的核心技术与专业需求，又便于实现院校教师易教、学生易学的双重要求。

我们相信 Adobe® 创意大学计划必将为中国的创意产业的发展以及相关专业院校的教学改革提供良好的支持。

Adobe 将与中国一起发展与进步！

Adobe 大中华区董事总经理　黄耀辉

前 言

Adobe 于 2010 年 8 月正式推出的全新"Adobe® 创意大学"计划引起了教育行业强大关注。"Adobe® 创意大学"计划集结了强大的教学、师资和培训力量，由活跃在行业内的行业专家、教育专家、一线教师、Adobe 技术专家以及行业协会共同制作并隆重推出了"Adobe® 创意大学"计划的全部教学内容及其人才培养计划。

Adobe® 创意大学计划概述

Adobe® 创意大学（Adobe® Creative University）计划是 Adobe 公司联合行业专家、行业协会、教育专家、一线教师、Adobe 技术专家，面向国内动漫、平面设计、出版印刷、eLearning、网站制作、影视后期、RIA 开发及其相关行业，针对专业院校、培训机构和创意产业园区创意类人才的培养，以及中小学、网络学院、师范类院校师资力量的建设，基于 Adobe 核心技术，为中国创意产业生态全面升级和教育行业师资水平和技术水平的全面强化而联合打造的全新教育计划。

Adobe® 创意大学计划旨在与国内专业院校、培训机构、创意产业园区以及国家教育主管部门联合，为中国创意行业和教育行业培养更多专业型、实用型、技术型的高端人才，并帮助学生和从业人员快速完成职业和专业能力塑造，迅速提高岗位技能和职业水平，强化个人的市场竞争力，高质、高效地步入工作岗位。

专业院校、培训机构、创意产业园区人才培养平台均可加入 Adobe® 创意大学计划，并获得 Adobe 的最新技术支持和人才培养方案，通过对相关专业技术和专业知识、行业技能的严格考核，完成创意人才、教育人才和开发人才的培养。

加入"Adobe® 创意大学"的理由

Adobe 将通过区域合作伙伴和行业合作伙伴对 Adobe® 创意大学合作机构提供持续不断的技术、课程、市场活动服务。

"Adobe 创意大学"的合作机构将获得以下权益。

1. 荣誉及宣传

（1）获得"Adobe 创意大学"的正式授权，机构名称将刊登在 Adobe 教育网站(www.adobecu.com) 上，Adobe 进行统一宣传，提高授权机构的知名度。

（2）获得"Adobe 创意大学"授权牌。

（3）可以在宣传中使用"Adobe 创意大学"授权机构的称号。

（4）免费获得 Adobe 最新的宣传资料支持。

2. 技术支持

（1）第一时间获得 Adobe 最新的教育产品信息、技术支持。

（2）可优惠采购相关教育软件。

（3）有机会参加"Adobe 技术讲座"和"Adobe 技术研讨会"。

（4）有机会参加 Adobe 新版产品发布前的预先体验计划。

3. 教学支持

（1）获得相关专业课程的全套教学方案（课程体系、指定教材、教学资源）。

（2）获得深入的师资培训，包括专业技术培训、来自一线的实践经验分享、全新的实训教学模式分享。

4. 市场支持

（1）优先组织学生参加 Adobe 创意大赛，获奖学生和合作机构将会被 Adobe 教育网站重点宣传，并享有优先人才推荐服务。

（2）有资格参加评选和被评选为 Adobe 创意大学优秀合作机构。

（3）教师有资格参加 Adobe 优秀教师评选；特别优秀的教师有机会成为 Adobe 教育专家委员会成员。

（4）作为 Adobe 创意大学计划考试认证中心，可以组织学生参加 Adobe 创意大学计划的认证考试。考试合格的学生获得相应的 Adobe 认证证书。

（5）参加 Adobe 认证教师培训，持续提高师资力量，考试合格的教师将获得 Adobe 颁发的"Adobe 认证教师"证书。

Adobe® 创意大学计划认证体系和认证证书

（1）Adobe 产品技术认证：基于 Adobe 核心技术，并涵盖各个创意设计领域，为各行业培养专业技术人才而定制。

（2）Adobe 动漫技能认证：联合国内知名动漫企业，基于动漫行业的需求，为培养动漫创作和技术人才而定制。

（3）Adobe 平面视觉设计师认证：基于 Adobe 软件技术的综合运用，满足平面设计和包装印刷等行业的岗位需求，培养了解平面设计、印刷典型流程与关键要求的人才而制定。

（4）Adobe eLearning 技术认证：针对教育和培训行业制定的数字化学习和远程教育技术的认证方案，以培养具有专业数字化教学资源制作能力、教学设计能力的教师/讲师等为主要目的，构建基于 Adobe 软件技术教育应用能力的考核体系。

（5）Adobe RIA 开发技术认证：通过 Adobe Flash 平台的主要开发工具实现基本的 RIA 项目开发，为培养 RIA 开发人才而全力打造的专业教育解决方案。

 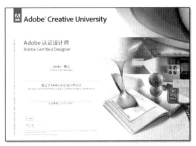 

Adobe® 创意大学指定教材

— 《Adobe 创意大学 Photoshop CS5 产品专家认证标准教材》

— 《Adobe 创意大学 Photoshop 产品专家认证标准教材（CS6 修订版）》

— 《Adobe 创意大学 InDesign CS5 产品专家认证标准教材》

— 《Adobe 创意大学 InDesign 产品专家认证标准教材（CS6 修订版）》

— 《Adobe 创意大学 Illustrator CS5 产品专家认证标准教材》

— 《Adobe 创意大学 Illustrator 产品专家认证标准教材（CS6 修订版）》

— 《Adobe 创意大学 After Effects CS5 产品专家认证标准教材》

— 《Adobe 创意大学 After Effects 产品专家认证标准教材（CS6 修订版）》

— 《Adobe 创意大学 Premiere Pro CS5 产品专家认证标准教材》

— 《Adobe 创意大学 Premiere Pro 产品专家认证标准教材（CS6 修订版）》

— 《Adobe 创意大学 Flash CS5 产品专家认证标准教材》

— 《Adobe 创意大学 Dreamweaver CS5 产品专家认证标准教材》

— 《Adobe 创意大学 Fireworks CS5 产品专家认证标准教材》

"Adobe® 创意大学"计划所做出的贡献，将提升创意人才在市场上驰骋的能力，推动中国创意产业生态全面升级和教育行业师资水平和技术水平的全面强化。

教材及项目服务邮箱：yifengedu@126.com。

编著者

2013 年 12 月

目录
Contents
Adobe

第3章

图像编辑的基础操作

第4章

图像的选区

第5章

绘画与图片修饰

第11章

3D图像

第12章

动作自动化与视频动画

第1章

初识Photoshop CS6

随着科技水平的提高，电脑知识的普及，各种学习资料的出现使设计软件已经不再是专业人员垄断的技术，许许多多的电脑爱好者通过自己的学习可以掌握设计软件的操作技术，制作出比较好的作品。

Photoshop是一款功能强大的图像处理软件，能够适合不同领域的工作。本章主要讲解Photoshop的基础知识，帮助用户来了解和认识Photoshop。

本章学习要点

→ 简单了解Photoshop的发展历程和应用范围

→ 理解和掌握Photoshop中涉及图像知识的常规概念

→ 学会合理使用Photoshop的帮助信息和资源以及其他的Adobe网络资源

1.1　Photoshop的应用领域和范围

　　Photoshop是世界上顶尖的图像编辑软件，它的应用领域十分广泛，从平面设计、三维动画、数码艺术到网页制作、矢量图形再到多媒体后期制作，Photoshop在每一个领域都发挥着不可替代的重要的作用。

1.1.1　Photoshop在平面设计中的应用

　　Photoshop的出现为图像处理领域提供了一定的行业标准，同时也给印刷等行业带来了技术上的升级。在平面设计与制作中，Photoshop已经完全延伸到了平面广告、产品包装、海报设计、书籍装帧、封面设计、印刷、制版、POP、宣传招贴等各个环节，我们走在大街上随处都能看到运用Photoshop设计的优秀作品，如图1-1所示为用Photoshop设计的不同的作品。

图1—1

1.1.2　Photoshop在网页设计中的应用

　　Photoshop可以用于设计制作网页页面，我们可以将做好的素材和页面导入到Dreamweaver中进行处理，然后使用Flash为网页添加动画内容，让整个网页的变化更加丰富，如图1-2所示。

图1—2

1.1.3　Photoshop在插画设计中的应用

　　电脑艺术插画是新兴起的艺术表达方式，作为IT时代视觉效果的表达手段之一，已经逐渐地渗透到了广告、网络、封面等各个方面，如图1-3所示。

图1—3

1.1.4 / Photoshop在数码摄影后期处理中的应用

　　Photoshop的超强大的图像编辑功能为数码摄影爱好者和一些普通用户提供了非常广阔的创作空间，我们也可以随心所欲地对图像进行处理、修改、拼合等，如图1-4所示。

图1—4

1.1.5 / Photoshop在动画与CG设计中的应用

　　随着计算机硬件技术的不断提高，计算机动画也在迅速地发展，利用Maya、3ds Max等三维软件，可以制作动画和一些其他的动态效果，其中模型的贴图和人物的皮肤都是使用Photoshop来完成制作的，如图1-5所示。

图1—5

1.1.6 Photoshop在效果图与后期制作中的应用

当使用Maya、3ds Max等三维软件来制作建筑效果图时，渲染出的图片效果通常要放在Photoshop中进行后期的处理和调整，同时还可以添加一些必要的装饰品，如植物、人物、天空和车辆等。这样可以节省计算机渲染图片的时间，同时也能增加图片的美感，如图1-6所示。

图1—6

1.2 设计中的专业术语

在Photoshop中，正确地了解和掌握Photoshop中的常用术语和基本概念对后面的Photoshop操作和使用有着非常重要的作用，也是做出正确的设计作品的前提保障。

1.2.1 像素

在Photoshop中，像素是组成图像最基本的单元，它是一个小的正方形的颜色方块，一个图像通常由很多的像素组成，这些像素通常被排成横列或者纵列，每个像素都是方形的。当用缩放工具将图像放大到足够大的时候，就可以看到类似的像马赛克的效果，这其中的每一个小方块就是一个像素，每个像素都有不同的颜色数值，在图像的单位面积内的像素越多，图像分辨率越高，图像的显示效果会越好。如图1-7所示为原图和放大后的类似马赛克的效果对比。

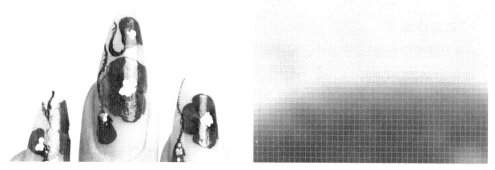

图1-7

1.2.2 图像分辨率

图像分辨率就是指每英寸图像中所包含的像素的数量，单位是ppi，如果图像的分辨率是72ppi，就是在每英寸长度的图像内包含72个像素。图像的分辨率越高，每英寸长度内图像包含的像素也就越多，同时图像的质量也就越高，图像也就越清晰，图像中的细节也就越多，颜色的过渡也就越平滑、越丰富。

图像分辨率的大小和图像尺寸的大小有着密不可分的关系，图像的分辨率越高，图像的质量就越高，图像中所包含的像素就越多，所以图片的尺寸就会越大，图片的尺寸越大，图片中存储的信息也就会越多，因此文件也就会越大。下面是几类商业设计中所要求达到的分辨率的数值。

- 普通画册的图片分辨率通常是300～350像素／英寸。
- 高档画册的图片分辨率通常能达到400 像素／ 英寸。
- 彩色杂志的图片分辨率通常是300 像素／ 英寸。
- 时尚类的杂志对图片的要求相对较高，通常是350 像素／ 英寸。
- 报纸的图片分辨率通常在80～150 像素／ 英寸。
- 喷绘写真的图片通常是72～120 像素／ 英寸。
- 网络传播的图片通常是72 像素／ 英寸或96 像素／ 英寸。

1.2.3 色彩模式

在Photoshop中，了解色彩模式的概念是非常重要的。下面将为大家分别讲述位图模式、灰度模式、双色调模式、RGB模式、CMYK模式、Lab模式、索引颜色模式、多通道模式和8位/16位/32位通道模式。

1. 位图模式

位图模式的图像中只有白色和黑色的像素，不包含其他颜色的像素，**在Photoshop中，只有双色调模式和灰度模式才能转换成位图模式**，如果要将其他的图像转换成位图模式，首先扔掉图像中其他颜色的信息，转换成灰度图像才可以。

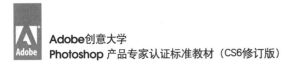

在位图模式下，只有少数的工具能够使用，所有的与色调有关的工具和命令都不能使用，所有的滤镜都不能使用，只有一个被命名的通道和背景层可以被使用。

2. 灰度模式

灰度模式通常是在8位图像中，最多有256级灰度。灰度图像中的每个像素都有一个0（黑色）到255（白色）之间的亮度值。在16和32位图像中，图像中的级数比8位图像要大得多。在Photoshop中，任何图像都能转换成灰度模式，但是图像中所有的彩色信息都将会丢失。在灰度模式下，大部分的工具和滤镜都是可以使用的。灰度模式下的图像可以包含多个图层和通道，其中就含有一个原始的黑色通道。

3. 双色调模式

在Photoshop中，双色调模式不是一个单独的图像模式，它就像是一个目录一样，一共包含4种不同的图像模式，分别是单色调模式、双色调模式、三色调模式、四色调模式。一般来说，双色调模式通常情况下包含黑色和另外一种专色，使用双色调模式能使整个图像的色调变得更加的丰富。

4. RGB模式

Photoshop中的RGB颜色模式使用RGB模型，并为每个像素分配一个强度值。在8位/通道的图像中，彩色图像中的每个RGB（红色、绿色、蓝色）分量的强度值为0（黑色）到255（白色）。例如，亮红色使用R值246、G值20和B值50。当所有这3个分量的值相等时，结果是中性灰度级。当所有分量的值均为255时，结果是纯白色；当这些值都为0时，结果是纯黑色。

RGB图像使用3种颜色或通道在屏幕上重现颜色。在8位/通道的图像中，这3个通道将每个像素转换为24位（8位×3通道）颜色信息。对于24位图像，这3个通道最多可以重现1670万种颜色/像素。对于48位（16位/通道）和96位（32位/通道）图像，每个像素可重现甚至更多的颜色。新建的Photoshop图像的默认模式为RGB，计算机显示器使用RGB模型显示颜色。这意味着在使用非RGB颜色模式（如CMYK）时，Photoshop会将CMYK图像转换为RGB，以便在屏幕上显示。

尽管RGB是标准颜色模型，但是所表示的实际颜色范围仍因应用程序或显示设备而异。Photoshop中的RGB颜色模式会根据用户在"颜色设置"对话框中指定的工作空间的设置而改变。

5. CMYK模式

在CMYK模式下，可以为每个像素的每种印刷油墨指定一个百分比值。为最亮（高光）颜色指定的印刷油墨颜色百分比较低；而为较暗（阴影）颜色指定的百分比较高。例如，亮红色可能包含2%青色、93%洋红（品红）、90%黄色和0%黑色。在CMYK图像中，当4种分量的值均为0%时，就会产生纯白色。

在制作要用印刷色打印的图像时，应使用CMYK模式。将RGB图像转换为CMYK即产生分色。如果从RGB图像开始，则最好先在RGB模式下编辑，然后在编辑结束时转换为CMYK。在RGB模式下，可以使用"校样设置"命令模拟CMYK转换后的效果，而无须真正地更改图像数据。也可以使用CMYK模式直接处理从高端系统扫描或导入的CMYK图像。

尽管CMYK是标准颜色模型，但是其准确的颜色范围随印刷和打印条件而变化。

Photoshop中的CMYK颜色模式会根据在"颜色设置"对话框中指定的工作空间的设置而不同。

6．Lab模式

Lab颜色模式是基于人对颜色的感觉。Lab中的数值描述正常视力的人能够看到的所有颜色。因为Lab描述的是颜色的显示方式，而不是设备（如显示器、桌面打印机或数码相机）生成颜色所需的特定色料的数量，所以Lab被视为与设备无关的颜色模型。色彩管理系统使用Lab作为色标，将颜色从一个色彩空间转换到另一个色彩空间。

Lab颜色模式的亮度分量（L）范围是0～100。在Adobe拾色器和"颜色"面板中，a分量（绿色-红色轴）和b分量（蓝色-黄色轴）的范围是+127～-128。

7．索引颜色模式

索引颜色模式可生成最多256种颜色的8位图像文件。当转换为索引颜色时，Photoshop将构建一个颜色查找表（CLUT），用以存放并索引图像中的颜色。如果原图像中的某种颜色没有出现在该表中，则程序将选取最接近的一种，或使用仿色以现有颜色来模拟该颜色。

尽管其调色板很有限，但索引颜色能够在保持多媒体演示文稿、Web 页等所需的视觉品质的同时，减少文件大小。在这种模式下只能进行有限的编辑。要进一步进行编辑，应临时转换为RGB模式。索引颜色文件可以存储为Photoshop、BMP、DICOM(医学数字成像和通信)、GIF、Photoshop EPS、大型文档格式 （PSB）、PCX、Photoshop PDF、Photoshop Raw、Photoshop 2.0、PICT、PNG、Targa 或 TIFF 格式。

8．多通道模式

多通道模式图像在每个通道中包含256个灰阶，对于特殊打印很有用。多通道模式图像可以存储为Photoshop、大型文档格式（PSB）、Photoshop 2.0、Photoshop Raw 或 Photoshop DCS 2.0格式。

当将图像转换为多通道模式时，需注意下列原则。
- 由于图层不受支持，因此已拼合。
- 原始图像中的颜色通道在转换后的图像中将变为专色通道。
- 通过将 CMYK 图像转换为多通道模式，可以创建青色、洋红、黄色和黑色专色通道。
- 通过将 RGB 图像转换为多通道模式，可以创建青色、洋红和黄色专色通道。
- 通过从 RGB、CMYK 或 Lab 图像中删除一个通道，可以自动将图像转换为多通道模式，从而拼合图层。
- 要导出多通道图像，以 Photoshop DCS 2.0 格式存储图像。
- 索引颜色和 32 位图像无法转换为多通道模式。

9．8位／16位／32位通道

在灰度、RGB、CMYK模式下，可以使16位或者32位通道来代替默认的8位通道。默认的情况下，8位通道中共包含256个灰阶，如果增加到16位通道，每个通道包含灰阶的数量就是65 536，这样能够得到更多的色彩细节。如果增加到32位，获取的色彩细节比16位还要多。但是对这种图像的限制很多，所以很多的滤镜都是不能支持16位和32位通道的，同时也有很多的工具和命令不能被使用。

1.2.4 色彩深度

色彩深度指的是在一个图像中所包含颜色的数量，常用的颜色深度是1位、8位、16位、24位和32位。其中1位的图像中只包含黑色和白色两种颜色。8位的图像颜色中共包含2的8次方也就是256种颜色或者是256级灰阶。随着颜色"位"数的增加，每个像素的颜色范围也在增加。

1.2.5 矢量图

矢量图是由Adobe Illustrator、Adobe Flash等一些软件产生的，它是由一些数学方式描述的曲线所组成，其组成的最基本元素是锚点和路径。矢量图最大的特点是不论放大或者缩小多少倍，其边缘都是平滑的，不会产生马赛克的效果。矢量图可以随时缩放，其效果都是一样的清晰。

1.2.6 位图

位图又称为点阵图像或绘制图像，是由称为像素（图片元素）的单个点组成的。这些点可以进行不同的排列和染色以构成图样。当放大位图时，可以看见赖以构成整个图像的无数单个方块。扩大位图尺寸的效果是增大单个像素，从而使线条和形状显得参差不齐。然而，如果从稍远的位置观看它，位图图像的颜色和形状又显得是连续的。位图与矢量图最大的区别就是，当图像放大到一定程度时，位图会失真，出现马赛克效果，但是矢量图不会。

1.3 Photoshop帮助资源

启动Photoshop后，可以通过【帮助】菜单中的命令来获得Adobe提供的各种Photoshop的帮助资源和技术上的支持，以了解Photoshop的各个命令和工具的使用。

1．Photoshop帮助文件和支持中心

Adobe为广大的Photoshop用户提供了Photoshop软件功能的帮助文件，执行【帮助】>【Photoshop 联机帮助】或【Photoshop 支持中心】命令，可以弹出Adobe网站的帮助社区使用帮助文件，如图1-8所示。

图1-8

Photoshop的帮助文件为广大的Photoshop使用者提供了大量的视频教程链接地址，可以通过链接地址来观看Adobe专家录制的Photoshop功能的视频教程。

2．关于Photoshop

执行【帮助】>【关于Photoshop】命令，可以弹出Photoshop的启动界面，该界面中显示了Photoshop的有关信息和该软件研发小组人员名单。

3．法律声明

执行【帮助】>【法律声明】命令，可以在弹出的对话框中查看Photoshop的法律声明，如图1-9所示。

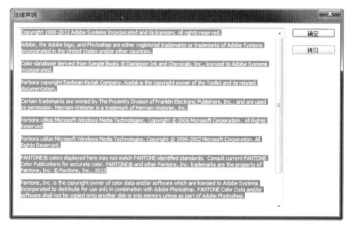

图1—9

4．系统信息

执行【帮助】>【系统信息】命令，在弹出的对话框中可以看到当前操作系统的各种信息，如内存的大小、显卡等，还可以查看 Photoshop 占用的系统内存及增效工具等内容，如图 1-10 所示。

图1—10

5．产品注册

用于在线注册Photoshop。注册产品后可以得到更多的产品信息、培训和Adobe公司组织的活动和研讨会的邀请函，以及升级通知和其他的服务。

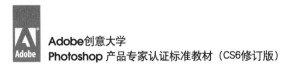

6．取消激活

用于取消激活本台计算机上的Photoshop。Photoshop的单用户零售许可最多只能支持两台计算机，如果要在第三台计算机上安装同一个Photoshop，则要在其他两台计算机中的任意一台上取消激活Photoshop，才能在第三台计算机上安装Photoshop。

7．更新

用于下载Adobe公司最新发布的有关Photoshop的更新内容。

8．Adobe产品改进计划

用于Photoshop用户对Photoshop的发展方向和软件的改进向Adobe公司提出建议和意见，执行【帮助】>【Adobe产品改进计划】命令，可以参与Adobe产品的改进计划。

1.4 本章小结

本章主要讲解Photoshop的基础知识、应用范围，帮助用户了解Photoshop的基础知识和与图像有关的概念，为在以后的学习中打下一个好的基础。

第2章
Photoshop的设置与基本操作

我们在使用Photoshop编辑图像之前，需要掌握软件界面中各类命令的分布，学会使用Photoshop的各种辅助工具和Photoshop的软件基本设置，能够帮助用户在以后的操作中提高工作效率。

本章学习要点

→ 了解Photoshop的工作界面分布和设置方法
→ 掌握Photoshop的首选项的设置
→ 学会使用Photoshop的各种辅助工具

2.1　Photoshop的工作界面

在Photoshop CS6的工作界面又有了新的改进，使得整个工作界面的布局更加合理，能更快地显示各类调板，使操作更加方便。

2.1.1　工作界面组件

在Photoshop CS6的工作界面中包含程序栏、菜单栏、状态栏、工具箱、工具选项栏、文档编辑窗口、调板，如图2-1所示。

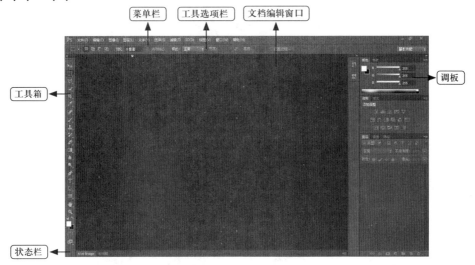

图2-1

2.1.2　工具箱

在 Photoshop CS6 中，工具的种类与数量不断增加，操作更加方便、更加快捷，如图 2-2 所示。本节将介绍工具箱中大部分工具的使用方法，其中常用的工具将在后面的章节中进行详细介绍。

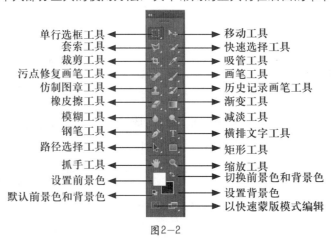

图2-2

1．折叠与展开工具箱

Photoshop CS6的工具箱能够非常灵活地伸缩，使操作界面更加快捷。用户可以根据操作需要将工具箱改变为单栏显示或双栏显示。

位于工具箱最上面的区域称为伸缩栏，其左侧的两个小三角形可以对工具箱的伸缩功能进行控制，如图2-3所示。

2．选择工具

工具箱中的每一类工具都有两种选择方法，即在工具箱中直接单击要使用的工具或者按相应工具的快捷键。

在工具箱中，多数工具的快捷键就是当完全显示工具时工具名称右侧的字母。例如，**【魔棒工具】右侧的字母是"W"，如图2-4所示，表示按【W】键可以激活此工具。如果不同的工具有同一个快捷键，则表明这些工具属于同一个工具组，按快捷键的同时加按【Shift】键就可以在这些工具之间进行切换。**

单栏　　　　双栏

图2-3　　　　　　　　　　　　　　图2-4

> **小知识**
>
> 使用工具的字母快捷键激活工具时，输入法必须是在英文半角输入法的状态。中文输入法不能激活工具箱中的工具。

2.1.3 工具选项栏

工具选项栏是用来设置工具选项的，在工具选项栏中，不同的工具会对应不同选项，如图2-5所示为画笔工具所对应的工具选项栏。

图2-5

1．隐藏和显示工具选项栏

执行【窗口】>【选项】命令，可以用来隐藏或者显示工具选项栏。

2．创建工具预设

在工具选项栏中，单击工具图标右侧的按钮可以打开一个下拉的调板，包含了所选择的工具的预设，如图2-6所示。单击工具预设下拉调板中的按钮，可以在当前工具选项的基础上新建一个工具预设，如图2-7所示。

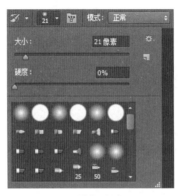
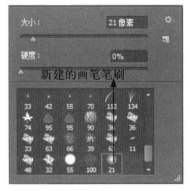

图2—6　　　　　　　　　　　　　　图2—7

3．复位工具预设

用于清除工具的预设，单击工具预设下拉调板右上角的■按钮，在弹出的菜单中选择【复位画笔】命令，如图2-8所示。

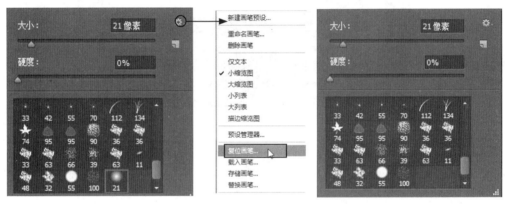

图2—8

2.1.4 菜单栏

Photoshop CS6的菜单栏包括【文件】、【编辑】、【图像】、【图层】、【选择】、【滤镜】、【3D】、【视图】、【窗口】和【帮助】，每个菜单中还包含着很多的子菜单和命令。菜单栏复杂庞大，看起来令人眼花缭乱，但实际上经常用到的只有其中的几类。我们只需要对常用的命令进行学习和掌握就行了，菜单栏中的各级子菜单和命令，将会在后面的章节中详细讲解。

2.1.5 调板

在Photoshop CS6中，在工作范围内不可能同时使用所有的调板（也称为面板），可以通过对调板的隐藏与显示，来实现对调板的管理。一方面便于在众多的调板中快速找到所需要的调板；另一方面也能最大限度地显示图像文件，更有利于图像文件的操作。

在众多调板中，最常用的调板是【图层】、【路径】、【通道】、【历史记录】等调板。

1．显示和隐藏调板

在【窗口】菜单中选择相应的命令即可隐藏该调板，再次选择此命令可以显示该调板。例如，选择【窗口】>【通道】命令会隐藏【通道】调板，如图2-9所示。再次选择【窗口】>【通道】命令会显示【通道】调板，如图2-10所示。

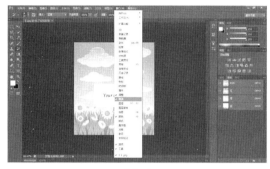

图2-9　　　　　　　　　　　　　　　图2-10

2．折叠与展开调板

调板也可以和工具箱一样展开或者折叠，对调板的展开或者折叠功能进行控制的同样是位于调板上方左侧的两个小三角形。单击两个小三角形可以实现调板的展开或者折叠，使调板在图标显示折叠状态和显示展开状态进行切换，如图2-11和图2-12所示。

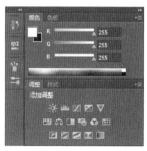

图2-11　　　　　　　　　　　　　　　图2-12

3．调板快捷菜单

在调板的右上角有一个■按钮，单击该按钮即可弹出此调板的快捷菜单，如图2-13所示为【图层】调板的快捷菜单，这些调板快捷菜单中的命令也是经常使用的。

图2-13

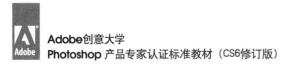
4．组合及拆分调板

在Photoshop CS6中，可以将调板任意组合、拆分，将2个或者3个调板组合在一个调板组中，也可以将一个调板组中的调板拆分成单独的调板。

例如，单击调板组中的【路径】选项，将其向外拖出该调板组，如图2-14所示，释放鼠标左键，则该调板将成为一个独立的调板，如图2-15所示。

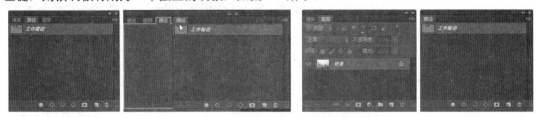

图2-14　　　　　　　　　　　　　　　　图2-15

2.2　设置工作区

在Photoshop CS6中，提供了保存工作界面的功能。使用此功能，用户可以按照自己的喜好布置工作界面。并且能将工作界面保存为自定义工作界面。可以使用保存的自定义工作区，对使用过的工作区进行复位，还原到自定义工作区状态。

2.2.1　使用预置工作区

执行【窗口】>【工作区】命令，可以在【工作区】子菜单中选择要使用的工作区，或者通过程序栏右侧工作区选择命令来设置工作区，如图2-16所示。

图2-16

2.2.2　恢复默认的工作区

如果在工作过程中要将工作区界面恢复至系统默认状态，可以选择【窗口】>【工作区】>【基本功能（默认）】命令，如图2-17所示。

图2-17

2.2.3 新建工作区

用户可以根据自己的使用习惯建立新的工作区，能更加快捷、方便地操作，如图2-18所示。

图2-18

2.2.4 删除工作区

　　用于删除系统默认的和自定义的工作区，在删除系统默认工作区之后，如果想恢复默认工作区，可以通过执行【编辑】>【首选项】>【界面】命令，在弹出的对话框中单击【恢复默认工作区】按钮来恢复系统默认工作区。

2.2.5 自定义键盘快捷键

　　通过执行【编辑】>【键盘快捷键】命令，用户可以修改Photoshop中默认设置的快捷键，单击该快捷键可以设成自己习惯使用的快捷键，如图2-19所示。

应用程序菜单　　　　　　　　　工具　　　　　　　　　面板菜单

图2-19

2.3 辅助工具

　　标尺、参考线、网格等都属于辅助工具，能够帮助我们更好、更准确地完成对图像的选择、定位等操作，辅助完成对图像的编辑。

2.3.1 标尺

　　标尺用于帮助用户对操作对象进行测量。利用标尺不仅可以测量对象的大小，还可以从标

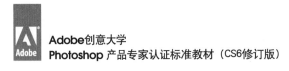

尺上拖出参考线，以帮助获取图像的边缘。

1．显示或隐藏标尺

执行【视图】>【标尺】命令，可以在工作的任何时候显示或隐藏标尺，也可以按【Ctrl(Windows)/Command(Mac OS)+R】快捷键显示标尺，如图2-20所示。

图2-20

2．改变标尺的单位

若工作需要，可以执行【编辑】>【首选项】>【单位与标尺】命令，在弹出的对话框中设定标尺单位。

改变当前操作文件度量单位最快捷的操作方法是在文件标尺上右击，在弹出的如图2-21所示的快捷菜单中，选择所需要的单位以改变标尺的单位。

图2-21

2.3.2 / 参考线

参考线分为水平参考线和垂直参考线，能够帮助用户对齐图像并准确放置图像的位置，根据需要可以在文档窗口放置任意数量的参考线。参考线在文件打印输出时是不会被打印出来的。

1．创建参考线

如果在图像中创建参考线，首先需要创建标尺，然后将光标置于标尺上，按住鼠标左键不放，向图像内部拖动，即可创建参考线，或者是执行【视图】>【新建参考线】命令，也可以创建参考线，如图2-22所示。

图2-22

通过执行【编辑】>【首选项】>【参考线、网格和切片】命令，可以改变参考线的颜色或样式，对参考线进行相应的修改，如图2-23所示。

图2-23

2．显示与隐藏参考线

通过执行【视图】>【显示】>【参考线】命令，可以显示参考线；再次执行【视图】>【显示】>【参考线】命令，则可以隐藏参考线。

3．锁定与解锁参考线

通过执行【视图】>【锁定参考线】命令，可以将参考线进行锁定，则当前工作页面中的所有参考线都会被锁定，防止在操作时移动参考线的位置；再次执行【视图】>【锁定参考线】命令，可以解除参考线锁定。

4．清除参考线

在未锁定参考线的状态下，要清除参考线，可以使用【移动工具】将其拖回标尺上即可清除；如果要清除图像中的所有参考线，可以执行【视图】>【清除参考线】命令。

5．智能参考线

智能参考线是参考线的一种，通过智能参考线可以对齐形状、切片和选区。执行【视图】>【显示】>【智能参考线】命令可以启用智能参考线。

2.3.3 网格

网格比参考线更能精确地对齐图像与放置图像，如图2-24所示。

图2-24

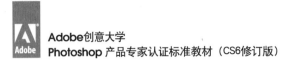

1．显示与隐藏网格

通过执行【视图】>【显示】>【网格】命令，可以显示网格；再次执行【视图】>【显示】>【网格】命令，可以隐藏网格。

2．对齐网格

执行【视图】>【对齐到】>【网格】命令，在创建选区或者移动图像等操作时，对象会自动对齐到网格上。在Photoshop CS6的默认状态下，该命令处于被激活状态，这样能帮助我们更准确地实现对图像的编辑。

2.3.4 / 对齐

对齐功能有助于用户精确地放置选区、裁剪边框、切片、路径和形状。执行【视图】>【对齐】命令，该命令处于勾选状态，然后再执行【视图】>【对齐到】命令，在其子菜单下选择要对齐的内容，如图2-25所示。

图2-25

【参考线】：使对象与参考线对齐。

【网格】：使对象与网格对齐，在网格被隐藏的状态下，不能使用该命令。

【图层】：使对象与图层中的内容对齐。

【切片】：使对象与切片的边界对齐，切片被隐藏时不能使用该命令。

【文档边界】：使对象与文档的边缘对齐。

【全部】：对齐到参考线、网格、图层、切片和文档边界全部选项。

【无】：取消所有的【对齐到】选项。

2.3.5 / 显示与隐藏额外内容

参考线、网格、选区边缘、切片和文本基线都是帮助用户选择、移动或编辑对象的非打印额外内容的示例。可以启用或禁用任何额外内容的组合而不影响图像，还可以显示或隐藏已启用的额外内容以清理工作区。

● 要显示或隐藏所有已启用的额外内容，执行【视图】>【显示额外内容】命令。【显示】子菜单中已启用的额外内容旁边都会出现一个选中标记。

● 要启用并显示单个额外内容，执行【视图】>【显示】命令，然后从子菜单中选择额外内容选项。

● 要启用并显示所有可用的额外内容，执行【视图】>【显示】>【全部】命令。

● 要禁用并隐藏所有额外内容，执行【视图】>【显示】>【无】命令。

要启用或禁用额外内容组，执行【视图】>【显示】>【显示额外选项】命令。

2.4 Photoshop的首选项设置

Photoshop的首选项包括常规选项，界面选项，文件处理选项，性能选项，光标选项，透明度与色域选项，单位与标尺选项，参考线、网格和切片选项，以及增效工具选项和文字选项等。其中大多数选项都是在【首选项】对话框中设置的。每次退出应用程序时都会存储首选项设置。

2.4.1 常规

执行【编辑】>【首选项】>【常规】命令，弹出【首选项】对话框，如图2-26所示。左侧列表框中是各个首选项的名称，可以通过单击右边的【上一个】或者【下一个】按钮来切换相关的设置内容；右侧窗口中是相对应的选项。

图2-26

【拾色器】：用来选择 Adobe 的拾色器或者是 Windows 的拾色器。Adobe 拾色器可以使用 4 种颜色模型来选取颜色：HSB、RGB、Lab 和 CMYK。使用 Adobe 拾色器可以设置前景色、背景色和文本颜色。也可以为不同的工具、命令和选项设置目标颜色，如图 2-27 所示。Windows 的拾色器仅涉及基本的颜色，允许根据两种色彩模式选择需要的颜色，如图 2-28 所示。

图2-27

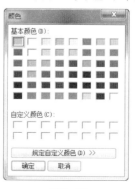

图2-28

【图像插值】：在改变图像大小的时候，Photoshop会遵循一定的图像插值方法来删除或者增加像素，选择【邻近】选项，表示用一种低精度的方法生成像素，速度快但是容易产生锯齿；选择【两次线性】选项，表示用一种平均周围像素颜色值的方法来生成像素，可以生成中等质量的图片；选择【两次立方】，表示用一种将周围像素值分析作为依据的方法生成像素，速度比较慢，但是精确度高。

【自动更新打开的文档】：选中该复选框后，如果当前打开的文件被其他的程序修改并且保存，文件会在Photoshop中自动更新。

【完成后用声音提示】：完成文件操作时，程序会发出提示声音。

【动态颜色滑块】:设置在移动【颜色】调板中的滑块时，颜色是否随着滑块的移动而改变。

【导出剪贴板】：在关闭Photoshop时，复制到剪切板中的内容，可以被其程序使用。

【使用Shift键切换工具】：选中该复选框后，工具箱的同一组工具之间可以使用工具快捷键+Shift键进行切换；不选中此复选框，只需要按下工具快捷键就可以切换。

【在置入时调整图像大小】：粘贴或者置入图像时，图像会基于当前文件的大小而自动对图像进行调整。

【带动画效果的缩放】：使用缩放工具缩放图像，会产生平滑的缩放效果。

【缩放时调整窗口大小】：使用键盘快捷键缩放图像大小时，会自动调整窗口的大小。

【用滚轮缩放】：使用鼠标的滚轮来缩放图像大小。

【将单击点缩放至中心】：使用缩放工具时，可以将单击点的图像缩放到图像中心。

【启用轻击平移】：使用抓手工具平移画面时，放开鼠标左键，图像也会移动。

【历史记录】：指定历史记录数据的存放位置，以及历史记录中所包含的信息的详细程度。【元数据】是指历史记录存储为文件中的元数据。【文本文件】是指历史记录存储为文本文件。【两者兼有】是指历史记录既存储为元数据又存储为文本文件。

【复位所有警告对话框】：用于重新显示已经取消显示的警告对话框。

2.4.2 界面

在【首选项】对话框中切换到【界面】设置界面，如图2-29所示。

图2-29

【标准屏幕模式/全屏（带菜单）/全屏】：用于设置这3种屏幕的颜色和边界效果，如图2-30所示为系统默认的标准模式效果。

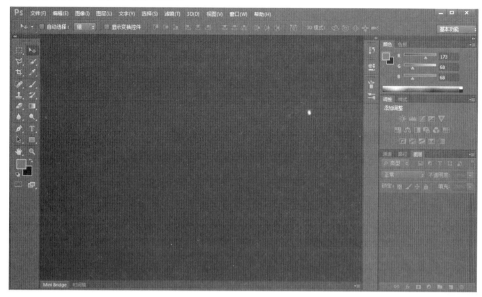

图2-30

【显示工具提示】：将鼠标放到工具上，会显示当前工具的快捷键和名称。

【自动折叠图标面板】：不使用的图标调板，调板会自动重新折叠为图标状。

【自动显示隐藏面板】：暂时显示隐藏的调板。

【用户界面文本选项】：可以设置用户界面的语言和字体大小，修改后需要重新启动Photoshop才能运行。

2.4.3 文件处理

在【首选项】对话框中切换到【文件处理】设置界面，如图2-31所示。

图2-31

【图像预览】：设置存储图像时，是否保存图像缩略图。

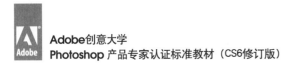

【文件扩展名】：修改文件扩展名是"大写"还是"小写"。

【Camera Raw 首选项】：单击该按钮可以设置Camera Raw的首选项。

【存储分层的TIFF文件之前进行询问】：保存分层文件时，如果存储为TIFF格式，会弹出对话框。

【近期文件列表包含】：用于设置【文件】>【最近打开文件】子菜单中的能够保存的数量。

2.4.4 / 性能

在【首选项】对话框中切换到【性能】设置界面，如图2-32所示。

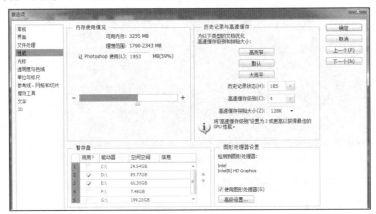

图2—32

【内存使用情况】：显示计算机内存使用情况，可以在文本框中输入数值来调整Photoshop的内存使用量，修改后需要重新运行Photoshop才能生效。

【暂存盘】：当系统没有足够的内存来执行某个操作时，Photoshop会使用一种虚拟内存技术，也就是暂存盘，暂存盘是任何具有空闲内存的驱动器或者驱动器分区。在该选项组中，也可以把暂存盘修改到其他的驱动器上。

【历史记录与高速缓存】：用来设置【历史记录】调板中，可以保留的历史记录的数量以及高速缓存的级别。

【GPU设置】：用于显示计算机的显卡是否含有OpenGL。启用OpenGL后，在处理大型或者复杂的图像时可以加快速度。

> **提示**
>
> 为了保证计算机C盘基本的文件存储和运行空间，在设置文件暂存盘时，需要将C盘（系统盘）设置为文件暂存盘，以免出现暂存盘空间已满现象；可以将暂存盘设置为其剩余空间比较大的磁盘。

2.4.5 / 光标

在【首选项】对话框中切换到【光标】设置界面，用于设置绘画时，光标的显示方式和精确度，如图2-33所示。

图2-33

2.4.6 / 透明度与色域

在【首选项】对话框中切换到【透明度与色域】设置界面，如图2-34所示。

图2-34

【网格大小】：当图像中的背景为透明区域，会显示为棋盘格形状，可以通过该选项修改棋盘格的颜色效果。

【色域警告】：**用于显示图像中的溢色，系统默认为灰色，可以单击【颜色】后的色块，在弹出的对话框中选择其他的颜色来显示图像中的溢色。**

提示：色域警告中的溢色是指无法被正常打印的颜色。

2.4.7 / 单位与标尺

在【首选项】对话框中切换到【单位和标尺】设置界面，如图2-35所示。

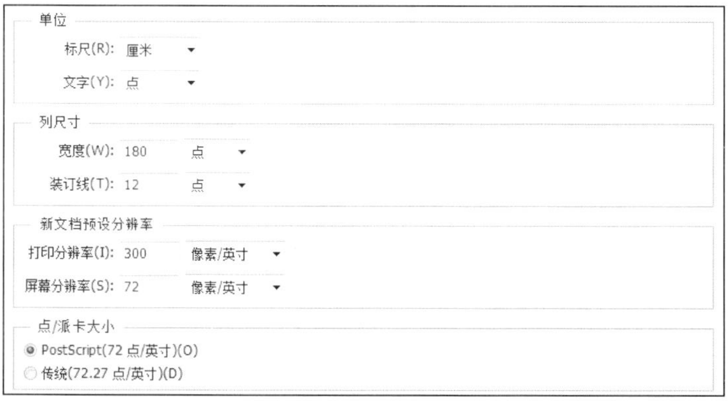

图2-35

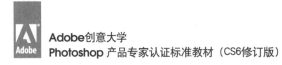

【单位】：用来设置标尺的单位和文字的单位。

【列尺寸】：用于设置导入到InDesign排版的图像的宽度和装订线的尺寸。

【新文档预设分辨率】：用来设置新建文档的屏幕分辨率和打印分辨率。

【点/派卡大小】：设置如何定义每英寸的点数。

2.4.8 / 参考线 网格和切片

在【首选项】对话框中切换到【参考线、网格和切片】设置界面，如图2-36所示。该命令用来设置参考线、智能参考线、网格和切片的颜色和样式，便于在Photoshop中加以区分。

图2-36

2.4.9 / 增效工具

在【首选项】对话框中切换到【增效工具】设置界面，增效工具是由Adobe和第三方软件开发商开发的可以在Photoshop中使用的外挂滤镜或者插件。Photoshop的自带滤镜或者插件都保存在安装目录下的Plug-Ins文件夹中。如果将滤镜或者插件安装在其他的文件夹中，选中【附加的增效工具文件夹】复选框就可以使用安装的外挂滤镜和插件。

2.4.10 / 文字

在【首选项】对话框中切换到【文字】设置界面，文字选项主要用于在Photoshop中对文字功能进行简单的设置。

2.5 综合案例——Photoshop的首选项设置

Photoshop的首选项参数设置，决定了用户在工作中能否更加有效地使用Photoshop，以提高用户的工作效率，创造更多的效益。

📷 知识要点提示

Photoshop的【首选项】常规选项。

性能选项和透明度选项。

暂存盘选项。

📁 **操作步骤**

01 执行【编辑】>【首选项】>【常规】命令，弹出【首选项】对话框，在【拾色器】下拉列表框中选择【Adobe】选项，在【图像插值】下拉列表框中选择【两次立方（适用于平滑渐变）】选项。然后选中【历史记录】复选框，在【将记录项目存储到】后选择【元数据】单选按钮，其他保持默认设置，如图2-37所示。

图2-37

02 执行【编辑】>【首选项】>【性能】命令，弹出【首选项】对话框，在【内存使用情况】选项组中，根据Photoshop提供的合理使用内存范围内设置Photoshop的使用内存大小，如图2-38所示。

图2-38

03 在【暂存盘】选项组中，Photoshop默认的暂存盘为C盘，默认的历史记录为20。在Windows操作系统中，C盘为系统盘，所以在Photoshop中的暂存盘设置应该避免设置在C盘，可以设置到其他盘，如图2-39所示。

04 在【历史记录与高速缓存】选项组中，为了保证在编辑图像文件时，有足够的还原空间，通常将历史记录的数量设置在200～500之间，【高速缓存级别】和【高速缓存拼贴大小】选项保持默认设置，如图2-40所示。

图2—39　　　　　　　　　　　　图2—40

05 在【首选项】对话框的【性能】设置界面中，可以通过勾选【Open GL绘图】复选框来实现显卡加速。在处理大型或者复杂的图像时启用【Open GL绘图】可以提高图像的处理速度，尤其是在处理分辨率较大的图像和视频文件时，Open GL硬件加速能加快图像处理速度，同时也能提高图像的质量。

06 在【首选项】对话框的【单位与标尺】、【参考线、网格和切片】设置界面中，通常都采用默认设置，一般情况下不做更改。

07 在【透明度与色域】设置界面中，通常会将【色域警告】选项组中的默认颜色进行修改，修改为警示性比较强的颜色，如红色、黄色等。单击【颜色】后的色块，在弹出的对话框中选择要修改的颜色，单击【确定】按钮，完成色域警告颜色的修改，如图2-41所示。

图2—41

08 设置完成后，单击【确定】按钮，退出【首选项】对话框，重新启动Photoshop软件后，【首选项】对话框中的参数设置才会生效。

2.6　本章小结

　　本章主要讲解Photoshop的基础操作，帮助用户进一步了解Photoshop，并且掌握软件界面中各类命令的分布，同时学会使用Photoshop的各种辅助工具、Photoshop的软件基本设置，能够帮助用户在以后的操作中提高工作效率，准确高效地编辑各类图像。

2.7　本章习题

　　1．创建一个新文件，在文档中显示参考线，显示与隐藏标尺、网格，将标尺的单位设置为厘米。

🎬 **重点难点提示**

　　在使用拖动的方法创建参考线的时候，一定要先显示标尺，要注意光标放置的位置。

　　2．在【首选项】对话框中，设置历史记录数量为100，将暂存盘的位置更改为D盘和E盘，将色域警告的颜色更改为黄色RGB数值为255/255/0。

　　3．自定义自己的工作界面布局。

第3章
图像编辑的基础操作

本章学习要点

→ 学会在Photoshop中新建、打开、保存、关闭文件

→ 学会置入、导入、导出文件

→ 学会使用历史记录还原文件操作

→ 学会修改像素尺寸与画布大小、裁切图像

→ 掌握图像变换与变形的操作方法

　　Photoshop是一款位图软件，要使用Photoshop编辑图像，首先要掌握Photoshop的一些最基本的操作和一些修改图像最基本的方法，为在以后图像处理的过程中打下良好的基础。

3.1 新建文档

新建文档是指在Photoshop中创建Photoshop的默认文档，同时也是一个空白文档，可以在上面进行绘画或者将其他图像复制到其中，然后再对图像进行编辑。

打开Photoshop CS6，执行【文件】＞【新建】命令或者按【Ctrl（Windows）／Command（Mac OS）+N】组合键，弹出【新建】对话框。在此对话框中，可以设置新建文件的【名称】、【宽度】、【高度】、【分辨率】、【颜色模式】和【背景内容】等参数，如图3-1所示，最后单击【确定】按钮，即可新建图像文件，如图3-2所示。

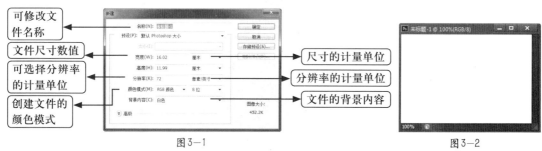

图3—1   图3—2

在【颜色模式】下拉列表框中可以选择Photoshop文件支持的所有文件模式，如RGB颜色模式、CMYK颜色模式、Lab颜色模式等。

在【背景内容】下拉列表框中可选择新建图像文件的背景。【白色】选项是指用白色填充新建图像文件的背景，它是默认的背景色；【背景色】选项是指用当前的背景颜色填充新建图像文件的背景；【透明】选项则是指创建一个没有颜色值的单图层图像。

3.2 打开文件

要在Photoshop中对图像进行编辑，首先将要编辑的图像打开，在Photoshop中，可以使用多种方法打开图像文件。

1．使用【打开】命令打开文件

执行【文件】>【打开】命令，在弹出的【打开】对话框中，可以打开想要的文件，如图3-3所示。

图3—3

2．使用【打开为】命令打开文件

执行【文件】>【打开为】命令，弹出【打开为】对话框，选择要打开的文件并为其指定正确的格式，单击【打开】按钮，可以打开文件，如图3-4所示，

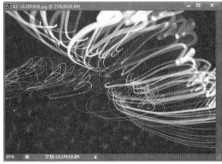

图3-4

> 在Windows 操作系统与Mac OS操作系统之间传递文件可能会导致文件格式出错，另外，如果使用与文件实际格式不相配的扩展名存储文件，Photoshop都不能正确地定义文件格式。出现上述情况可以使用【打开为】命令打开文件。

3．打开最近使用过的文件

执行【文件】>【最近打开文件】命令，在【最近打开文件】子菜单中会显示最近打开过的文件，可以通过执行该命令打开前面使用过的文件。

4．通过文件快捷方式打开文件

在Photoshop未启用的状态下，可以将图像文件拖动到Photoshop的快捷图标 上，Photoshop会自动运行，并打开刚才拖动的图像。

5．使用【在Bridge中浏览】命令打开文件

执行【文件】>【在Bridge中浏览】命令，启动Adobe Bridge，在Bridge中选择要打开的文件，双击该文件缩略图就可以在Photoshop中打开该文件。

6．作为智能对象打开文件

执行【文件】>【打开为智能对象】命令，弹出【打开为智能对象】对话框，选择要打开的文件，单击【打开】按钮，该文件可转换为智能对象，如图3-5所示。

图3-5

3.3 置入和导入文件

在Photoshop中，可以通过【置入】和【导入】命令将图片文件置入或者导入到Photoshop的文件中。

3.3.1 置入文件

当新建一个文件或者是打开一个图像文件时，就可以通过执行【文件】>【置入】命令，将位图、矢量图等一些图像文件置入到Photoshop中，图像文件在被置入后会转换成智能对象，如图3-6所示。

图3-6

小知识

图像文件被置入时，会显示图像的定界框，通过调整图像的定界框来调整图像的大小，调整完成后，按【Enter】键即可。

3.3.2 导入文件

通过【文件】>【导入】命令可以导入视频帧、注释等内容，在计算机连接有数码相机传输设备和扫描设备后，可以用【导入】命令来获取数码相机和扫描设备中的图像文件。【导入视频帧】等命令在后面章节会讲述。

3.4 保存文件

在Photoshop中，对图像文件进行编辑之后，应该及时保存文件，防止因为断电或者死机造成文件丢失。保存文件的方法有3种：【存储】命令、【存储为】命令、【存储为Web和设备所用格式】命令。

3.4.1 使用【存储】命令保存文件

图像编辑后，执行【文件】>【存储】命令或按【Ctrl（Windows）/Command（Mac OS）+S】

组合键保存。如果是新建的文件，会弹出【存储为】对话框，可以为图像选择存储的位置。

3.4.2 使用【存储为】命令保存文件

【存储为】命令用于将文件保存在其他的位置或者是修改为其他的文件存储格式，如图3-7所示。

图3—7

3.4.3 存储为Web和设备所用格式

执行【文件】>【存储为Web和设备所用格式】命令，Photoshop将会把文件保存为适合于网页使用的格式。

3.4.4 选择正确的文件保存格式

在Photoshop中，文件的格式决定了图像的存储方式、图像的压缩方式和一些程序的兼容，执行【文件】>【存储为】命令，在弹出的【存储为】对话框中可以选择要保存的图片格式，如图3-8所示。

```
Photoshop (*.PSD;*.PDD)
大型文档格式 (*.PSB)
BMP (*.BMP;*.RLE;*.DIB)
CompuServe GIF (*.GIF)
Dicom (*.DCM;*.DC3;*.DIC)
Photoshop EPS (*.EPS)
Photoshop DCS 1.0 (*.EPS)
Photoshop DCS 2.0 (*.EPS)
IFF 格式 (*.IFF;*.TDI)
JPEG (*.JPG;*.JPEG;*.JPE)
JPEG 2000 (*.JPF;*.JPX;*.JP2;*.J2C;*.J2K;*.J
PCX (*.PCX)
Photoshop PDF (*.PDF;*.PDP)
Photoshop Raw (*.RAW)
Pixar (*.PXR)
PNG (*.PNG)
Scitex CT (*.SCT)
Targa (*.TGA;*.VDA;*.ICB;*.VST)
TIFF (*.TIF;*.TIFF)
便携位图 (*.PBM;*.PGM;*.PPM;*.PNM;*.PFM;*.PA
```

图3—8

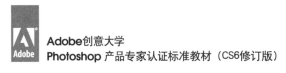

下面是Photoshop中常用的文件格式。

1．PSD格式

PSD 格式是Photoshop默认的文件格式，而且是除大型文档格式（PSB）之外支持所有 Photoshop 功能的唯一格式。由于 Adobe 产品之间是紧密集成的，因此其他 Adobe 应用程序（如 Adobe Illustrator、Adobe InDesign、Adobe Premiere、Adobe After Effects 和 Adobe GoLive）可以直接导入 PSD 文件并保留许多 Photoshop 功能。

存储 PSD 时，可以设置首选项以最大程度地提高文件兼容性。这样将会在文件中存储一个带图层图像的复合版本，因此其他应用程序（包括 Photoshop 以前的版本）将能够读取该文件。同时，即使将来的 Photoshop 版本更改某些功能，它也可以保持文档的外观。此外，通过包含复合图像，可以在 Photoshop 以外的应用程序中更快速地载入和使用图像，有时为使图像在其他应用程序中可读还必须包含复合图像。可以将 16 位/通道和高动态范围 32 位/通道图像存储为 PSD 文件。

2．大型文档格式

大型文档格式（PSB）支持宽度或高度最大为 300 000 像素的文档，支持所有 Photoshop 功能，如图层、效果和滤镜（对于宽度或高度超过 30 000 像素的文档，某些增效滤镜不可用）。

可以将高动态范围 32 位/通道图像存储为 PSB 文件。目前，如果以 PSB 格式存储文档，存储的文档只能在 Photoshop CS 或更高版本才能打开，其他应用程序和 Photoshop 的早期版本无法打开以 PSB 格式存储的文档。

> **小知识**
>
> 其他大多数应用程序和旧版本的 Photoshop 无法支持文件大小超过 2 GB 的文档。

3．TIFF格式

用于在应用程序和计算机平台之间交换文件。TIFF 是一种灵活的位图图像格式，受几乎所有的绘画、图像编辑和页面排版应用程序的支持。而且，几乎所有的桌面扫描仪都可以产生 TIFF 图像。TIFF 文档的最大文件大小可达 4 GB。Photoshop CS 和更高版本支持以 TIFF 格式存储的大型文档。但是，大多数其他应用程序和旧版本的 Photoshop 不支持文件大小超过 2 GB 的文档。

TIFF 格式支持具有 Alpha 通道的 CMYK、RGB、Lab、索引颜色和灰度图像，以及没有 Alpha 通道的位图模式图像。Photoshop 可以在 TIFF 文件中存储图层；但是，如果在另一个应用程序中打开该文件，则只有拼合图像是可见的。Photoshop 也能够以 TIFF 格式存储注释、透明度和多分辨率金字塔数据。

在Photoshop中，TIFF图像文件的位深度为8位、16位或32位/通道，可以将高动态范围图像存储为32位/通道TIFF文件。

4．JPEG格式

JPEG的英文全名是Joint Picture Expert Group（联合图像专家组），它是在World Wide Web 及其他联机服务上常用的一种格式，用于显示超文本标记语言（HTML）文档中的照片和其他连续色调图像。JPEG 格式支持 CMYK、RGB和灰度颜色模式，但不支持透明度。与 GIF 格式不同，JPEG 保留 RGB 图像中的所有颜色信息，但通过有选择地扔掉数据来压缩文件大小。

JPEG图像在打开时自动解压缩。压缩级别越高，得到的图像品质越低；压缩级别越低，得到的图像品质越高。在大多数情况下，"最佳"品质选项产生的结果与原图像几乎无分别。

5．PDF格式

PDF格式是Adobe公司开发的用于Windows、Mac OS、UNIX和DOS系统的一种电子出版软件的文档格式，适用于不同的平台。它以PostScript语言为基础，因此可以覆盖矢量式图像各个点阵图像，并支持超链接。

PDF文件是由Adobe Acrobat软件生成的文件格式，该格式文件可以存有多页信息，其中包含图形文件的查找和导航功能。因此，使用该软件不需要排版或图像软件即可获得图文混排的版面。由于该格式支持超文本链接，因此是网络下载经常使用的文件。

PDF格式支持RGB、索引颜色、CMYK、灰度、位图和Lab颜色模式，并支持通道、图层等数据信息。 并且PDF格式还支持JPEG和ZIP的压缩格式（位图颜色模式不支持ZIP压缩格式保存），保存时会出现对话框，从中可以选择压缩方式，当选择JPEG压缩时，还可以选择不同的压缩比例来控制图像品质。

6．BMP格式

BMP格式是DOS和Windows兼容计算机上的标准Windows图像格式。BMP格式支持RGB、索引颜色、灰度和位图颜色模式。 可以指定 Windows 或 OS/2格式和 8 位/通道的位深度。对于使用 Windows 格式的 4 位和 8 位图像，还可以指定 RLE 压缩，这种压缩方案不会损失数据，是一种非常稳定的格式。BMP格式不支持CMYK模式的图像。

7．EPS格式

可以同时包含矢量图形和位图图形，并且几乎所有的图形、图表和页面排版程序都支持该格式。EPS 格式用于在应用程序之间传递 PostScript 图片。当打开包含矢量图形的 EPS 文件时，Photoshop 栅格化图像，并将矢量图形转换为像素。

EPS格式支持Lab、CMYK、RGB、索引颜色、双色调、灰度和位图颜色模式，但不支持Alpha通道，EPS却支持剪贴路径。 桌面分色（DCS）格式是标准 EPS 格式的一个版本，可以存储 CMYK 图像的分色。使用 DCS 2.0 格式可以导出包含专色通道的图像。要打印 EPS 文件，必须使用 PostScript 打印机。

Photoshop 使用 EPS TIFF 和 EPS PICT 格式，允许打开以创建预览时使用的、但不受Photoshop 支持的文件格式所存储的图像。可以编辑和使用打开的预览图像，就像任何其他低分辨率文件一样。EPS PICT 预览只适用于 Mac OS。

8．GIF格式

GIF 格式是在 World Wide Web 及其他联机服务上常用的一种文件格式，用于显示超文本标记语言（HTML）文档中的索引颜色图形和图像。GIF 是一种用 LZW 压缩格式，目的在于最小化文件大小和电子传输时间。GIF 格式保留索引颜色图像中的透明度，但不支持 Alpha 通道。

9．PNG格式

PNG格式是作为 GIF 的无专利替代品开发的，用于无损压缩和在 Web 上显示图像。与

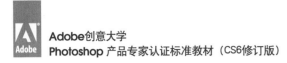

GIF 不同，PNG 支持 24 位图像并产生无锯齿状边缘的背景透明度，但是，某些 Web 浏览器不支持 PNG 图像。PNG格式支持无Alpha通道的RGB、索引颜色、灰度和位图模式的图像。PNG保留灰度和 RGB 图像中的透明度。

10．AI格式

AI格式是Illustrator软件默认的文件格式，也是一种标准的矢量图文件格式，用于保存使用Illustrator软件绘制的矢量路径信息。

在Photoshop中打开AI文件时，Photoshop可以将其转换为智能对象，以避免矢量图文件中的矢量信息被栅格化。

11．TGA格式

Targa（TGA）格式专用于使用 Truevision 视频板的系统，MS-DOS 色彩应用程序普遍支持这种格式。TGA格式支持16位RGB图像（5位x3种颜色通道，加上一个未使用的位）、24位RGB图像（8位x3种颜色通道）和32位RGB图像（8位x3种颜色通道，加上一个8位Alpha通道）。TGA 格式也支持无 Alpha 通道的索引颜色和灰度图像。当以这种格式存储 RGB 图像时，可以选择像素深度，并选择使用 RLE 编码来压缩图像。

12．RAW格式

Photoshop Raw 格式是一种灵活的文件格式，用于在应用程序与计算机平台之间传递图像。这种格式支持具有 Alpha 通道的 CMYK、RGB 和灰度图像以及无 Alpha 通道的多通道和 Lab图像。以 Photoshop Raw 格式存储的文档可为任意像素大小或文件大小，但不能包含图层。

Photoshop Raw 格式由一串描述图像中颜色信息的字节构成。每个像素都以二进制格式描述，0 代表黑色，255 代表白色（对于具有 16 位通道的图像，白色值为 65535）。Photoshop指定描述图像所需的通道数以及图像中的任何其他通道。可以指定文件扩展名（Windows）、文件类型（Mac OS）、文件创建程序（Mac OS）和标头信息。

3.5 文件的拷贝、粘贴与还原

【拷贝】、【粘贴】与【还原】命令是Photoshop中最基本的命令。【拷贝】、【粘贴】用来完成图像的复制与粘贴的任务；【还原】命令用来完成图像的恢复，在编辑图像时，操作的每一步Photoshop都会记录在【历史记录】调板中，可以通过该调板来将图像恢复到前面操作的某一步的状态。

3.5.1 拷贝，合并拷贝与剪切

1．拷贝

在图像中创建选区后，执行【编辑】>【拷贝】命令或者按【Ctrl（Windows）/Command（Mac OS）+C】组合键，将选中的图像拷贝到剪切板上，此时图像不会发生变化，按【Ctrl+V】可以将拷贝的图像粘贴过来，如图3-9所示。

图3-9

2. 合并拷贝

使用【合并拷贝】命令必须建立两个或者两个以上的图层，执行【编辑】>【合并拷贝】命令，会将所有可见图层的内容拷贝到剪切板上，如图3-10所示是合并拷贝后的结果。

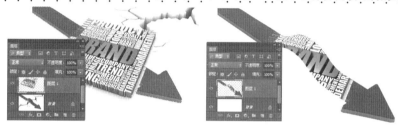

图3-10

3. 剪切

执行【编辑】>【剪切】命令，可以将图像从画面中剪切到剪切板上，通过【粘贴】命令可以完成图像的转移，被剪切的图像将会在原图像中消失。

3.5.2 / 粘贴与选择性粘贴

1. 粘贴

粘贴就是把复制到粘贴板或者剪切到剪切板的图像粘贴到当前的文档中。执行【编辑】>【粘贴】命令可以完成此操作。

2. 选择性粘贴

复制或剪切图像以后，执行【编辑】>【选择性粘贴】命令，可以在【选择性粘贴】子菜单中选择粘贴的方式，如图3-11所示。

选择性粘贴(I) ▶	原位粘贴(P)	Shift+Ctrl+V
清除(E)	贴入(I)	Alt+Shift+Ctrl+V
拼写检查(H)...	外部粘贴(O)	

图3-11

【原位粘贴】：将按照图像原来的位置粘贴到文档中，如图3-12所示。

【贴入】：图像粘贴到文档并且能添加蒙版，如果创建选区，选区将被隐藏，如图3-13所示。

【外部粘贴】：图像粘贴到文档并且能添加蒙版，如果创建选区，选区内的图像将被隐藏，如图3-14所示。

| 图3-12 | 图3-13 | 图3-14 |

小知识

在使用【贴入】和【外部粘贴】命令的时候，需要在贴入的文档中创建选区才能执行该命令，如果不创建选区，该命令不能执行。

3. 清除

执行【编辑】>【清除】命令，可以清除选区中的图像，如图3-15所示。

图3-15

提示

在没有创建选区的情况下，不能使用【清除】命令，【清除】命令填的颜色为【拾色器】中的背景色。

3.6 修改画布与图像尺寸

使用Photoshop编辑图像文件时，有的图像的尺寸和分辨率并不完全合适，有的会不符合工作要求，要根据实际情况对图像的尺寸和分辨率进行调整，才能达到要求。

3.6.1 修改画布大小

画布是指这个文档窗口的工作区域，执行【图像】>【画布大小】命令，在弹出的【画布大小】对话框中修改画布的尺寸，如图3-16所示。

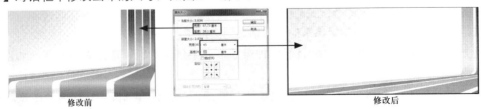

修改前　　　　　　　　　　　　　　　修改后

图3-16

【相对】：选中该复选框后，【宽度】和【高度】选项中的数值不再是整个文档的宽度和高度大小，而是实现增加或者减少画布区域。

【定位】：用于定位当前图像在画布中的位置，单击不同的方格，图像会在不同的位置显示。

【画布扩展颜色】：用于选择新画布的填充颜色，如果图像的背景为透明色，则该命令不能使用。

3.6.2 修改图像尺寸

通过【图像大小】命令，可以修改图像的尺寸、像素大小和分辨率，像素的大小会影响图像在屏幕上的视觉效果，影响图像的打印质量，还能决定图像所占用的存储空间。

【缩放样式】：用于缩放图层中添加的图层样式，只有选中【约束比例】复选框才能使用【缩放样式】复选框。

【约束比例】：在修改图像的比例时，保持宽度和高度的比例不变。

【重定图像像素】：用来控制修改图像大小时，图像像素的总量是否发生变化。

> **小知识**
>
> 选中【重定图像像素】复选框，在修改图像大小时，不会改变图像中像素的数量。减小图像大小，像素数量就会减少，反之则会增加，但是画面的质量不会变化。
>
> 取消选中【重定图像像素】复选框，在修改图像大小时，会改变图像的分辨率。减小图像会增加分辨率，反之会减少图像分辨率，影响图像质量。

3.6.3 实战案例——修改图像的大小

启动Photoshop，打开图像素材"素材/第3章/彩色的羽毛-1.jpg"，如图3-17所示。执行【图像】>【图像大小】命令，弹出【图像大小】对话框，如图3-18所示。

图3—17　　　　　　　图3—18

调整【图像大小】对话框中的数值，如图3-19所示，观察到像素大小由之前的60.0M变为3.13M，在【文档大小】选项组中宽度数值也发生变化，单击【确定】按钮，得到如图3-20所示的图像效果。

图3—19　　　　　　　图3—20

3.6.4 / 旋转画布

执行【图像】>【图像旋转】命令，在【图像旋转】子菜单中可以选择用于旋转画布的命令，如图3-21所示为执行【水平翻转画布】命令后的图像状态。

图3-21

3.6.5 / 显示隐藏在画布之外的图像

执行【图像】>【显示全部】命令，Photoshop会显示隐藏在画布之外的图像，并自动扩大画布，显示全部图像，如图3-22所示。

图3-22

3.7 裁切图像

在对图像或者照片进行编辑的时候，有的时候需对图片进行裁切，选取有用的内容，使用【裁切】工具，【裁剪】命令和【裁切】命令就能完成图像的裁切。

3.7.1 / 使用【裁剪工具】裁切图像

使用【裁剪工具】可以对图像或者照片进行裁剪，来重新定义画布的大小。在工具箱中选择【裁剪工具】后，在图像中拖动绘制一个定界框，根据自己的需要可以调节定界框的大小，确定裁切范围后，按【Enter】键可以完成图像裁切，如图3-23所示。

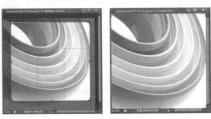

图3-23

在【裁剪工具】的工具选项栏中，可以通过输入图像的高度、宽度数值和分辨率大小数值，完成图像的裁切。执行【图像】>【图像大小】命令，可以看到图像的大小发生变化，如图3-24所示。

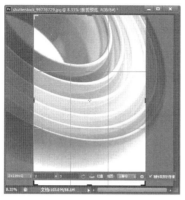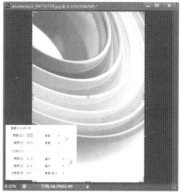

图3-24

3.7.2 使用【裁切】命令裁切图像

【裁切】命令是通过移去不需要的图像数据来裁切图像，其所用的方式与【裁剪】命令所用的方式不同。可以通过裁切周围的透明像素或指定颜色的背景像素来裁切图像，

【透明像素】：修整掉图像边缘的透明区域，留下包含非透明像素的最小图像。

【左上角像素颜色】：从图像中移去左上角像素颜色的区域。

【右下角像素颜色】：从图像中移去右下角像素颜色的区域。

3.7.3 使用【裁剪】命令裁切图像

使用【图像】>【裁剪】命令裁切图像要建立在选区的基础上，如果图像没有创建选区，该命令不能执行，如图3-25所示。

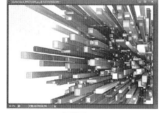

原图　　　　　　　　　　建立选区　　　　　　　　裁切完成

图3-25

3.8 图像的变换与变形

在编辑图像时，要对图像进行移动、缩放、旋转、扭曲等操作。在操作中移动、缩放、旋转对象不会改变图像形状，称为图像的变换操作；扭曲等改变图像形状的操作称为图像的变形

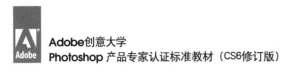
操作。可以通过【变换】命令与【自由变换】命令来实现。

3.8.1 图像变换

1. 移动图像

工具箱中的【移动工具】是Photoshop中最常用的工具之一，常用于移动文档中的选区、图层中的图像，还可以用于将图像拖入当前正在使用的文档。如图3-26所示为在不同文档中移动图像；图3-27所示为在同一文档中移动图像。

图3—26

图3—27

小知识

在使用【移动工具】时，按住【Alt（Windows）/ Option（Mac OS）】键可以复制图像，复制的图像将会生成一个新的图层。

2. 旋转图像

执行【编辑】>【自由变换】命令，或者按【Ctrl（Windows）/Command（Mac OS）+T】组合键显示变换图像的定界框，如图3-28所示。

图3—28

将光标放在定界框的控制点上，光标会改变形状为 ，按住【Shift】键拖动控制点，会对图像进行等比例缩放，如图3-29所示；如果不按住【Shift】键拖动控制点，可以任意比例缩放，但是会改变图像的宽高比，如图3-30所示。

图3—29 　　　　图3—30

3. 旋转图像

执行【编辑】>【自由变换】命令，或者按【Ctrl（Windows）/Command（Mac OS）+T】组合键显示变换图像的定界框；将光标放在定界框外靠近控制点处，光标会改变形状为 ↰，按住鼠标左键拖动会完成对图像的旋转操作，如图3-31所示。改变定界框中心控制点可以改变图像的旋转中心轴，如图3-32所示。

图3-31　　　　　　　　图3-32

3.8.2 图像变形

1. 斜切

执行【编辑】>【变换】>【斜切】命令，显示定界框，将光标放到定界框外侧的控制点上，光标会变成▶形状，按住鼠标左键拖动来斜切图像，按【Enter】键改变图像的形状，如图3-33所示。如果对变形效果不理想，可以按【Esc】键退出，重新操作。

图3-33

2. 扭曲

执行【编辑】>【变换】>【扭曲】命令，显示定界框，将光标放到定界框外侧的控制点上，光标会变成▶形状，按住鼠标左键拖动来扭曲图像，按【Enter】键改变图像的形状，如图3-34所示。如果对变形效果不理想，可以按【Esc】键退出，重新操作。

图3-34

3. 透视

执行【编辑】>【变换】>【透视】命令，显示定界框，将光标放到定界框外侧的控制点上，光标会变成▶形状，按住鼠标左键拖动来改变图像的透视方向，从而改变图像的形状，调

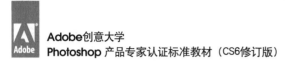
整完成后按【Enter】键结束，如图3-35所示。**如果对变形效果不理想，按【Esc】键退出，重**
新操作。

图3—35

4．变形

执行【编辑】>【变换】>【变形】命令，显示定界框，可以看到定界框为网格状，除了
有控制点之外，还有调节控制点的手柄，可以通过调节控制点、调节手柄和拖动网格调整图
形，调整完成后按【Enter】键来实现图像的变形，如图3-36所示。

图3—36

> **小知识**
>
> 执行【编辑】>【自由变换】命令，或者按【Ctrl（Windows）/Command（Mac OS）+T】组
> 合键显示变换图像的定界框后，右击，会弹出变换快捷菜单，与执行【编辑】>【变换】子菜单
> 中的命令相同。

3.8.3 / 操控变形

操控变形用于改变图像的形状，能够深入地改变图形的形状，实现很多特殊的效果。**使用**
时首先要选中要修改的图层，在图像想要改变的地方钉上图钉，然后通过拖动图钉来改变图像
的形状，变换完成后，按【Enter】键完成操作，如图3-37所示。

图3—37

在操控变形选项栏中，可以调整网格设置，如图3-38所示。

模式： 正常   浓度： 正常   扩展：2像素   ☑ 显示网格   图钉深度： ✦✦   旋转： 自动   -16   度

图3—38

【模式】：确定网格的整体弹性。

【浓度】：确定网格点的间距。较多的网格点可以提高精度，但需要较多的处理时间；较少的网格则反之。

【扩展】：扩展或收缩网格的外边缘。

【显示网格】：取消选中可以只显示调整图钉，从而显示更清晰的变换预览。

按【H】键可以临时隐藏调整图钉。

> **提示**
>
> 【操控变形】命令不能应用于"背景层"。

3.9 内容识别比例

内容识别比例缩放图像可在不更改重要可视内容（如人物、建筑、动物等）的情况下调整图像大小。**常规缩放在调整图像大小时会统一影响所有像素，而内容识别缩放主要影响没有重要可视内容的区域中的像素。**内容识别缩放可以放大或缩小图像以改善合成效果、适合版面或更改方向。如果要在调整图像大小时使用一些常规缩放，则可以指定内容识别缩放与常规缩放的比例。

如果要在缩放图像时保留特定的区域，内容识别缩放允许在调整大小的过程中使用 Alpha 通道来保护内容。

内容识别缩放适用于处理图层和选区。图像可以是 RGB、CMYK、Lab 和灰度颜色模式以及所有位图深度。

> **提示**
>
> 内容识别缩放不适用于处理调整图层、图层蒙版、各个通道、智能对象、3D 图层、视频图层、图层组，或者同时处理多个图层。

3.9.1 内容识别比例选项栏

图3-39为内容识别比例的工具选项栏。

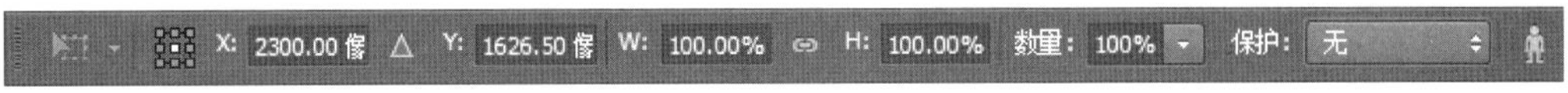

图3-39

【参考点位置】：单击参考点定位符上的方块以指定缩放图像时要围绕的固定点。默认情况下，该参考点位于图像的中心。

【使用参考点相关定位】：单击该按钮以指定相对于当前参考点位置的新参考点位置。

【参考点位置】：将参考点放置于特定位置。输入 X 轴和 Y 轴像素大小。

【设置缩放比例】：指定图像按原始大小的百分之多少进行缩放。输入宽度（W）和高度（H）的百分比。如果需要，单击【保持长宽比】按钮。

【数量】：指定内容识别缩放与常规缩放的比例。通过在文本框中输入数值或单击向右三

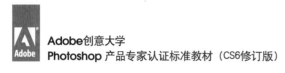
角按钮并移动滑块来指定内容识别缩放的百分比。

　　【保护】：指定要保护的区域的Alpha通道。

　　【保护肤色】：试图保留含肤色的区域。

3.9.2 使用内容识别比例缩放图像

　　1. 打开"素材/第3章/草原上的一家三口.jpg"，双击背景图层，将其转换成普通图层，如图3-40所示。

　　2. 执行【编辑】>【内容识别比例】命令，显示定界框，可以拖动控制点来缩放图像，单击工具选项栏中的【保护肤色】按钮，拖动定界框上的控制点，调整图像的大小，如图3-41所示。

图3-40　　　　　　　　　　　　　　　　　　　　　　图3-41

> **提示**
>
> 　　使用内容识别比例缩放图像时，会改变图像中的像素，在使用该命令的时候，图像缩放的幅度不要过大。

3.10 文件还原操作

　　在编辑图像的过程中，难免会出现不满意的操作，Photoshop提供了恢复之前操作的功能，用于还原不满意的操作步骤。

3.10.1 使用【还原】与【重做】命令

　　执行【编辑】>【还原】命令，或按【Ctrl（Windows）/Command（Mac OS）+Z】组合键，可以对图像进行还原，还原到上一步的操作状态，如果要取消还原操作，可以执行【编辑】>【重做】命令，或按【Ctrl（Windows）/Command（Mac OS）+Shift+Z】组合键。

3.10.2 使用【历史记录】调板还原

　　在编辑图像的过程中，进行的每一步操作，Photoshop都会记录在【历史记录】调板中，通过【历史记录】调板可以将图像还原到某一步的状态，也可以再次回到之前的操作状态，如图3-42所示。

图3—42

3.10.3 使用【快照】命令

【快照】命令用于建立图像任何状态的临时副本（或快照）。新快照将添加到【历史记录】调板顶部的快照列表中。选择一个快照可以从快照记录的图像状态开始工作。快照与【历史记录】调板中列出的状态有类似之处，而且它还具有其他优点。

- 用户可以命名快照，使它更易于识别。在整个工作过程中，可以随时存储快照。
- 可轻松比较图像效果。例如，可以在应用滤镜前后创建快照。然后选择第一个快照，并尝试在不同的设置情况下应用同一个滤镜。在各快照之间切换，找出最喜爱的设置。
- 利用快照，可以轻松恢复工作。可以在尝试使用复杂的技术或应用动作时，先创建一个快照。如果对结果不满意，可以选择该快照来还原所有步骤。

1．创建快照

要自动创建快照，单击【历史记录】调板上的【创建新快照】按钮或者从【历史记录】调板菜单中选择【新建快照】。

要在创建快照时设置选项，可以从【历史记录】调板菜单中选择【新建快照】命令，如图3-43所示。

图3—43

2．重命名与删除快照

要重命名某个快照，可双击该快照，然后输入一个名称，如图3-44所示。要删除快照，可选择此快照，然后从【历史记录】调板菜单中选择【删除】命令或单击调板右下角的【删除】按钮，也可直接将此快照拖动到【删除】按钮上，如图3-45所示。

图3—44 图3—45

编辑图像时，当做到一定程度，可以保存为一个快照。在操作的过程中可以保存多个快照，当要恢复图像，可以通过单击快照来恢复到快照所记录的状态，如图3-45所示。

3.10.4 清除内存

Photoshop在编辑图像时，需要保存大量的数据，这样会造成计算机速度的缓慢，**通过执行【编辑】＞【清理】命令，可以清除【还原】命令、历史记录和剪切板中的数据所占用的内存，来加快计算机的处理速度。**

3.11 综合案例——修改图像尺寸、形状

学习目的

本案例通过对辣椒及翅膀进行大小、角度等变换操作，控制自由变换定界框的缩放、旋转。通过对翅膀的层次操作，体会图层的复制、移动、合并及不透明度的设置。通过【径向模糊】命令制作翅膀的闪影效果，初步体验滤镜的功效。

重点难点

1. 对图像进行缩放时按住【Shift】键，可以使图像等比例缩放。
2. 通过对自由变换定界框心点的设置，可以控制图像旋转的轴心。
3. 要进行向下合并图层操作时，一定要确保想要合并的两个图层处于上下并置关系。

本案例将辣椒和翅膀巧妙组合成飞鸟振翅的效果，画面生动而富有情趣。

操作步骤

1.新建文档

打开Photoshop CS6软件，执行【文件】＞【新建】命令，在弹出的【新建】对话框中设置【名称】为"火鸟"，【宽度】为"800像素"，【高度】为"600像素"，【分辨率】为"72像素/英寸"，【颜色模式】为"RGB颜色"，【背景内容】为"白色"，如图3-46所示，设置完成后单击【确定】按钮。

2.贴入辣椒

01 执行【文件】＞【打开】命令，弹出【打开】对话框，单击【查找范围】右侧的下三角按钮，打开"素材/第3章/1.psd"文件，单击【打开】按钮，如图3-47所示。

02 用鼠标左键单击【图层】面板中的"图层 1"图层，使其处于激活状态，如图 3-48 所示。

| 图3-46 | 图3-47 | 图3-48 |

03 按【Ctrl+A】组合键进行全选，按【Ctrl+C】组合键进行复制，将当前工作区切换至"火鸟"文档，按【Ctrl+V】组合键进行粘贴，会将"1.psd"文档中的辣椒复制到"火鸟"文档中，并自动建立"图层1"图层，如图3-49、3-50所示。

04 在"图层1"文字部分双击鼠标左键，将辣椒所在的图层重命名为"辣椒"图层，如图3-51、3-52所示。

| 图3-49 | 图3-50 | 图3-51 | 图3-52 |

05 按【Ctrl+T】组合键将出现自由变换定界框，将鼠标指针放置到定界框任意一个角上，按住【Shift】键的同时，按住鼠标左键拖曳将图像调整至大小合适，如图3-53所示。

06 将鼠标指针放置到定界框任意一个角外，当出现旋转箭头时，按住鼠标左键进行图像的旋转，将图像旋转到如图3-54所示角度，并按【Enter】键确认。

| 图3-53 | 图3-54 |

3. 贴入右翅膀

01 执行【文件】>【打开】命令，弹出【打开】对话框，单击【查找范围】右侧的下三角按钮，打开"素材/第3章/2.psd"文件，单击【打开】按钮，素材如图3-55所示。

02 用鼠标左键单击【图层】面板中的"图层1"图层，使其处于激活状态，如图3-56所示。

| 图3-55 | 图3-56 |

03 按【Ctrl+A】组合键进行全选，按【Ctrl+C】组合键进行复制，将当前工作区切换至"火鸟"文档，按【Ctrl+V】组合键进行粘贴，会将"2.psd"文档中的翅膀复制到"火鸟"文档中，并自动建立"图层1"图层，如图3-57、3-58所示。

04 在"图层1"文字部分双击鼠标左键，将翅膀所在的图层重命名为"右翅膀"图层，如图3-59、3-60所示。

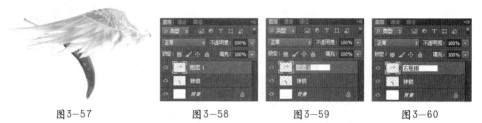

图3-57   图3-58   图3-59   图3-60

05 按【Ctrl+T】组合键显示自由变换定界框，将鼠标指针放置到定界框任意一个角上，按住【Shift】键的同时，按住鼠标左键拖曳将图像调整至大小合适，并将其移动到辣椒的左侧，按【Enter】键确认，如图3-61所示。

06 将鼠标指向"右翅膀"图层，按住鼠标左键将该图层拖曳至"辣椒"图层的下方，然后松开鼠标左键，从而将翅膀放到辣椒的后面，如图3-62、3-63、3-64所示。

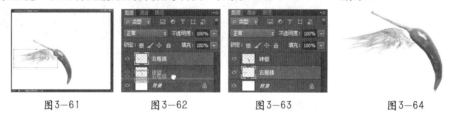

图3-61   图3-62   图3-63   图3-64

4．贴入左翅膀

01 执行【文件】>【打开】命令，弹出【打开】对话框，单击【查找范围】右侧的下三角按钮，打开"素材/第3章/3.psd"文件，单击【打开】按钮，如图3-65所示。

02 用鼠标左键单击【图层】面板中的"图层1"图层，使其处于激活状态，如图3-66所示。

图3-65   图3-66

03 按【Ctrl+A】组合键进行全选，按【Ctrl+C】组合键进行复制，将当前工作区切换至"火鸟"文档，按【Ctrl+V】组合键进行粘贴，会将"3.psd"文档中的翅膀复制到"火鸟"文档中，并自动建立"图层1"图层（使其处于最上一层），如图3-67、3-68所示。

图3-67   图3-68

04 在"图层1"文字部分双击鼠标左键，将当前翅膀所在的图层重命名为"左翅膀"图层，如图3-69、3-70所示。

05 按【Ctrl+T】组合键显示自由变换定界框，将鼠标指针放置到定界框任意一个角上，按住【Shift】键的同时，按鼠标左键拖曳将图像调整至大小合适，并将其移动到辣椒的右侧，如图3-71所示。

图3-69 　　　　 图3-70 　　　　 图3-71

06 将鼠标指向定界框的中心点，按住鼠标左键将其拖曳至翅膀根部，如图3-72、3-73所示。

07 将鼠标指针放置到定界框右上角外，会出现旋转箭头，按鼠标左键向上拖曳将图像调整至合适位置，按【Enter】键确认，如图3-74所示。

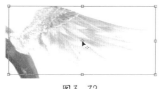 

图3-72 　　　　 图3-73 　　　　 图3-74

5．制作翅膀的闪影

01 激活"右翅膀"图层，按住鼠标左键将其拖曳到【图层】面板下方的【创建新图层】按钮上，松开鼠标左键，将创建一个"右翅膀副本"图层，将其图层移动到"右翅膀"图层的下方，如图3-75、3-76所示。

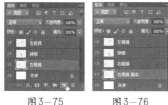 

图3-75 　　　　 图3-76 　　　　 图3-77

02 按【Ctrl+T】组合键显示自由变换定界框，将定界框的中心点拖曳至翅膀根部，旋转"右翅膀副本"至如图3-77所示位置。

03 同理，复制"左翅膀"图层，创建一个"左翅膀副本"图层，将其移至"右翅膀副本"图层的上一层，变换其角度如图3-78、3-79所示。

图3-78 　　　　 图3-79

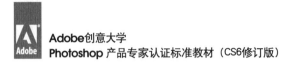

04 【Ctrl+E】组合键，合并"左翅膀副本"图层与"右翅膀副本"图层为"右翅膀副本"图层，如图3-80所示。

05 执行【滤镜】>【模糊】>【径向模糊】命令，弹出【径向模糊】对话框，设置【数量】为"50"，【模糊方法】为"旋转"，【品质】为"好"，单击【确定】按钮，如图3-81、3-82所示。

图3-80   图3-81   图3-82

06 重复上面的步骤，再复制一组向下的翅膀，合并图层为"右翅膀副本2"图层，如图3-83、3-84所示。

07 执行【滤镜】>【模糊】>【径向模糊】命令，弹出【径向模糊】对话框，设置【数量】为"50"，【模糊方法】为"旋转"，【品质】为"好"，单击【确定】按钮，如图3-85、3-86所示。

图3-83   图3-84   图3-85   图3-86

6．添加翅膀的层次

01 复制"右翅膀"图层为"右翅膀副本3"图层，将其置于"右翅膀"图层的下方，将翅膀向上旋转适当角度，在【图层】面板中设置【不透明度】为"25%"，如图3-87、3-88所示。

02 复制"右翅膀"图层为"右翅膀副本4"图层，将其置于"右翅膀"图层的下方，将翅膀向下旋转适当角度，在【图层】面板中设置【不透明度】为"20%"，如图3-89、3-90所示。

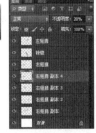

图3-87   图3-88   图3-89   图3-90

【03】复制"左翅膀"图层为"左翅膀副本"图层，将其置于"左翅膀"图层的下方，将翅膀向上旋转适当角度，在【图层】面板中设置【不透明度】为"25%"，如图3-91、3-92所示。

图3-91　　　　　　　　　　　图3-92

【04】复制"左翅膀"图层为"左翅膀副本2"图层，将其置于"左翅膀"图层的下方，将翅膀向下旋转适当角度，在【图层】面板中设置【不透明度】为"20%"，如图3-93、3-94所示。

图3-93　　　　　　　　　　　图3-94

7. 保存文件

执行【文件】>【存储为】命令，弹出【存储为】对话框，在此对话框中设置保存路径，然后单击【格式】下拉列表框右侧的下三角按钮，在展开的下拉菜单中选择"JPEG"选项，单击【保存】按钮保存文件。

3.12　本章小结

本章主要讲解在Photoshop中编辑图像的基础操作，由于在Photoshop中进行的操作都是基于图像文件，因此掌握有关图像文件的各类基础操作是非常重要的，只有掌握了这些内容才能灵活运用Photoshop软件进行设计，制作出高水平的作品。

3.13　本章练习

1. 选择题

（1）（　　）格式支持RGB、索引颜色、CMYK、灰度、位图和Lab颜色模式，支持通道、图层等数据信息，并支持JPEG和ZIP的压缩格式（位图颜色模式不支持ZIP压缩格式保存）。

  A. PSD   B. TIFF   C. PDF   D. GIF

（2）在操作中移动、缩放、旋转操作不改变图像形状，称为图像的（ ）。

  A. 变形操作   B. 变换操作   C. 自由操作

2. 操作题

  在本章实践案例中，使用【透视】命令对图像进行透视变形，还可以通过【变换】子菜单中的其他命令来完成图像的变形。

  （1）如图3-95所示，将这张图片在Photoshop中使用【变换】子菜单中的【斜切】、【扭曲】、【变形】命令来完成对图像变形。

📹 **重点难点提示**

  在对图像变形的过程中，注意光标与定界框的配合，在调整图像定界框的过程中，要按住鼠标左键，不能松开。

  （2）为图3-96所示的素材图片调整画布大小。

📹 **重点难点提示**

  运用【画布大小】命令，或按【Alt（Windows）/ Option（Mac OS）+Ctrl（Windows）/ Command（Mac OS）+C】组合键打开【画布大小】对话框。选中【相对】复选框后，可以在相对当前文档大小的情况下进行宽度和高度的增加或者减少。

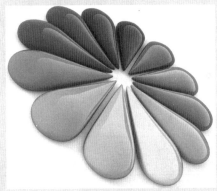
图3-95

图3-96

第4章
图像的选区

在Photoshop中要对图像进行编辑，一般都要创建选区。用选区工具选中所要修改的区域后，可以创建选区，同时也就为图像制订了有效的编辑区域。例如，要对图像的局部进行处理，则需要将这部分图像选中，然后进行操作。创建选区的方法有很多种，可以通过选区命令创建选区，也可以直接使用工具箱中的选区工具来创建。

本章学习要点
- 了解选区工具的基本使用方法
- 掌握调整选区、变换选区的方法
- 掌握存储选区和载入选区的方法

4.1 创建选区工具

在Photoshop中选择图像的基本方法是用选区工具选取图像。在Photoshop工具箱中的选区工具共有3类，分别是规则区域选择工具、不规则区域选择工具和相近颜色选择工具。

4.1.1 规则区域选择工具

规则区域选择工具包括矩形选框工具、椭圆选框工具、单行选框工具和单列选框工具，如图4-1所示。

1. 矩形选框工具

使用【矩形选框工具】可以直接在图像上拖出矩形选框，来选择需要的范围，如图4-2所示。如果想要增选其他区域的内容，在选择范围之后可以按住【Shift】键，加选其他的内容，如图4-3所示。

图4—1 　　　　　图4—2 　　　　　图4—3

按住【Alt（Windows）／Option（Mac OS）】键，这时原来的十字形光标的右下方会多出一个减号，再次进行选择区域的操作，会在原有选区的基础上将重叠的部分减去，新建立选择区域，如图4-4所示。

图4—4

如果希望选取多个选择区域的重合部分，先建立一个选择区域后，按住【Shift+Alt（Windows）／Option（Mac OS）】组合键，这时原来的十字形光标的右下方会多出一个乘号，然后选择【矩形选框工具】，则新建立的选择区域与原选择区域重叠的部分将被保留，如图4-5所示。

图4—5

也可以使用【矩形选框工具】的工具选项栏来实现对选区的减去或者叠加，如图4-6所示。

图4-6

【新选区】：用于创建新的选区。在图像中如果已存在一个选区，创建的新选区将取代原有的选区。

【添加到选区】：在图像中已创建选区上，增加后绘制的选区，创建一个新的选区。

【从选区减去】：在图像原有选区的范围中减去新创建的选区，创建一个新选区。

【与选区交叉】：将保留原有选区和新绘制选区的相交部分作为新选区。

【羽化】：羽化功能是通过在选区和其边缘像素间建立过渡边界，以达到柔化选区边缘的目的。羽化会使选区边缘出现细节上的变化。与【消除锯齿】命令有所区别的是，羽化可以对已经有羽化效果的选区继续添加羽化效果。本章后面会详细讲解【羽化】命令。

> **提示**
>
> 在使用【矩形选框工具】创建选区时，拖动鼠标的同时按住【Shift】键，可以框选出正方形的选择区域；按住【Alt（Windows）/Option（Mac OS）】键，可以框选出以起点为中心的矩形区域；按住【Shift+Alt（Windows）/Option（Mac OS）】组合键，可以框选出以起点为中心的正方形区域。

2. 椭圆选框工具

选择【椭圆选框工具】可以制作圆形或者椭圆形的选区。在工具箱中选择【椭圆选框工具】，在图像上拖动绘制椭圆形的选框，选择所需要的范围，如图4-7所示。

图4-7

【椭圆选框工具】创建选区的调整方法和【矩形选框工具】的使用方法基本相同，就不再重复讲解了。唯一的区别是，在【椭圆选框工具】的工具选项栏中可以选中【消除锯齿】复选框。在边缘和背景色之间填充过渡色时，应用此复选框可以使边缘看起来更柔和，达到消除锯齿的目的。如图4-8所示为选中【消除锯齿】复选框的效果对比。

未选中【消除锯齿】复选框　　　　选中【消除锯齿】复选框

图4-8

【椭圆选框工具】与【矩形选框工具】相似，在拖动鼠标的同时按住【Shift】键，可以框

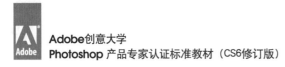

选出正圆形的选区；按住【Alt（Windows）/Option（Mac OS）】键，可以绘制出以起点为圆心的椭圆选区；按住【Shift+Alt（Windows）/Option（Mac OS）】组合键，可以绘制出以起点为圆点的正圆形选区。

3．单行/单列选框工具

选择工具箱中的【单行选框工具】或【单列选框工具】，在图像中单击，图像中即会出现单行或单列的选区，如图4-9所示。

图4—9

由于是单行或单列选框工具，所以工具选项栏中的【样式】下拉列表框无法激活，【消除锯齿】复选框也没有激活，如图4-10所示。

图4—10

4.1.2 / 不规则区域选择工具

在使用Photoshop进行实际的操作时，还需要制作一些不规则的选区，可以使用不规则区域选择工具进行选取。**不规则区域选择工具包括【套索工具】、【多边形套索工具】和【磁性套索工具】3种**，如图4-11所示。图4-12所示为套索工具的工具选项栏。

图4—11   图4—12

1．套索工具

【套索工具】的使用与【画笔工具】的使用大同小异，相对比较难以控制，所以创建选区的效果有的时候会不理想。要用鼠标谨慎、细心地操作后，才可能获得比较满意的效果。套索工具对应的工具选项栏只有用于边缘处理的【羽化】和【消除锯齿】两个选项。它一般用于选择一些不规则、外形相对比较复杂的图像，如图4-13所示。

图4—13

2．多边形套索工具

使用【多边形套索工具】可以在图像中创建不规则的多边形选区。使用【多边形套索工

具】对复杂图形进行选择的效果相对于【套索工具】要好一些，不过产生选区的边缘线比较
"生硬"。

【多边形套索工具】的使用方法如下：

选择【多边形套索工具】后，将光标移至图像中，此时光标会变成多边形套索形状；在
起始位置单击，这时移动光标会随光标的移动拉出一条线；再次单击，可以继续绘制选区的区
域，绘制完选区的区域后单击，形成闭合选区，如图4-14所示。

图4—14

3．磁性套索工具

【磁性套索工具】是Photoshop中具有选择复杂区域功能的套索工具的延伸。【磁性套索
工具】常用于图像与背景反差较大、形状较复杂的图像选择工作。

【磁性套索工具】的使用方法如下。

选择【磁性套索工具】，在其工具选项栏中设定参数，如图4-15所示。

图4—15

【宽度】：指使用【磁性套索工具】在选择图像时探查边缘的宽度。其取值范围为1～40
像素，数值越大，探查范围越大。

【对比度】：用来控制套索对图像边缘的灵敏度。较高的数值用于与周围对比强烈的边
缘，较低的数值用于与周围对比度弱的边缘。

【频率】：用来控制套索设置紧固点的频率。数值越高，则选择边框紧固点的速度越快。

将光标移到图像上，单击选区起点，沿着物体边缘移动光标，就能自动绘制选区，如图
4-16所示。当回到起点时，光标右下角会出现一个小圆圈，表示选择区域已封闭，接着单击即
可完成选区绘制的操作，如图4-17所示。

图4—16   图4—17

4.1.3 魔棒工具与快速选择工具

在Photoshop中，针对某种色彩范围，可选择【魔棒工具】或【快速选择工具】进行选区
的创建，如图4-18所示。

1．魔棒工具

选择【魔棒工具】能迅速选择颜色一致的区域。【魔棒工具】的使用方法如下。

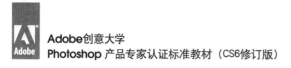

选择【魔棒工具】，在图4-19所示的工具选项栏中设定参数。

图4-18

图4-19

【容差】：在Photoshop中默认值为"32"。数值越大，可以选择的颜色范围越大；数值越小，选择范围的颜色与选择像素的颜色越相近。如图4-20所示是容差值分别为32和62时【魔棒工具】选择的区域。

【连续】：选中该复选框，【魔棒工具】只能选择与单击处相邻的或颜色数值相接近的范围，否则可选择整个图层中与单击处颜色接近的范围。如图4-21所示【连续】复选框选中前后的效果对比。

容差为32时的选区　　容差为62时的选区　　　选中【连续】复选框　　未选中【连续】复选框

图4-20　　　　　　　　　　　　　　　图4-21

【对所有图层取样】：选中该复选框，则【魔棒工具】会作用于所有可见图层，否则只作用于当前图层。

2．快速选择工具

【快速选择工具】的功能十分强大，提供了快速创建选区的解决方案。该工具的使用方法如下。

选择【快速选择工具】，使用工具选项栏中的【画笔】下拉列表调整好笔刷大小，如图4-22所示。

图4-22

【画笔】：可以对画笔的直径、硬度、间距、角度和大小等进行设置。

【对所有图层取样】：选中此复选框，可以从整体图像中取样颜色。

【自动增强】：选中此复选框，可以自动增强选区边缘。

使用鼠标在要选择的图像的区域内部拖动，产生需要的选区，在拖动过程中，可以按住【Alt（Windows）/Option（Mac OS）】键减去多余的选区。按住【Shift】键可增加未选择的选区。

> **提示**
>
> 　　如果要选择离边缘比较远而且是较大的区域，那么就要将画笔的尺寸调大；如果是要选择边缘，则要将画笔的尺寸调小，这样才能尽最大可能地避免选择背景的像素。

4.2　其他创建选区方法

除了使用选区工具制作选区之外，在Photoshop中还提供了多种选择图像的方法，例如选择【色彩范围】命令、使用快速蒙版、选择【钢笔工具】也可以绘制选区。

4.2.1 / 使用【色彩范围】命令

在Photoshop中，【选择】菜单中的【色彩范围】命令是根据色彩范围对图像区域进行选择的。选择【色彩范围】命令可以多次对图像进行选择，也可以将选择的样本进行保存，打开图片素材，选择【选择】>【色彩范围】命令，弹出【色彩范围】对话框，如图4-23所示。

图4-23

根据需要选择图像区域，如果要选择图像中的红色，则在【选择】下拉列表框中选择【红色】选项，如图4-24所示，单击【确定】按钮，得到如图4-25所示的效果。

图4-24   图4-25

按【Ctrl（Windows）/Command（Mac OS）+D】组合键取消选区，执行【选择】>【色彩范围】命令，弹出【色彩范围】对话框，选择【吸管工具】在需要选择的图像区域单击。观察对话框预览框中图像的选择情况，其中白色区域代表已经选择的部分。

> **小知识**
>
> 按住【Shift】键可以将【吸管工具】切换为【添加到取样】工具，以增加颜色；按住【Alt（Windows）/Option（Mac OS）】键可以将【吸管工具】切换为【从取样中减去】工具，以减去颜色。另外，可以在【色彩范围】对话框预览框中或图像文件中拾取颜色。

拖动【颜色容差】滑块，直至所有需要选择的区域都在预览框中显示为白色。如图4-26所示为【颜色容差】数值较小时的选择范围；图4-27所示为【颜色容差】数值较大时的选择范围。

图4—26

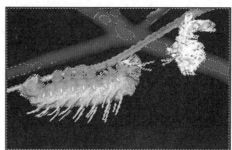

图4—27

4.2.2　实战案例——使用【色彩范围】命令选择图像

使用photoshop创建选区抠选图像的操作方法如下。

1.打开"素材/第4章/使用选择的色彩范围副本.jpg"，执行【选择】>【色彩范围】命令，弹出色彩范围对话框，如图4-28所示。

2. 在【色彩范围】对话框中设置【颜色容差】为"105"，单击色彩范围对话框中右侧的【添加到取样】按钮，在对话框中图像的天空位置单击鼠标左键添加取样，如图 4-29 所示。

图4—28

图4-29

3.单击【确定】按钮，生成一个选区，如图4-30所示。执行【选择】>【存储选区】命令，弹出【存储选区】对话框，如图4-31所示，单击【确定】按钮将选区保存。

图4-30　　　　　　　　　　　　　　　图4-31

4.2.3 使用快速蒙版

在复杂的图像中创建选区的时候，细小部分常会出现选择遗漏的情况，使用蒙版可以检查选区。另外，蒙版还可以保护选区外的图像不受到影响。在工具箱中可以非常方便地切换标准模式和快速蒙版模式，具体操作方法如下：

选择【魔棒工具】随意制作一个选区，如图4-32所示。

在工具箱底部单击【以快速蒙版模式编辑】按钮 ，进入快速蒙版模式编辑状态，双击【以快速蒙版模式编辑】按钮，在弹出的【快速蒙版选项】对话框中设置参数，可以自定义其颜色和不透明度，如图4-33所示。

图4-32　　　　　　　　　　　　　　　图4-33

将前景色设置为白色，选择工具箱中的【画笔工具】，在工具选项栏中调整画笔的直径数值，然后选择【画笔工具】在选中的叉子上涂抹，以消除上面所覆盖的红色，在需要的情况下可以放大图像进行绘制，最终将叉子上的红色涂抹掉，如图4-34所示。

在工具箱中单击【以标准模式编辑】按钮，退出快速蒙版模式编辑状态，可以看到叉子已经完全被载入选区，效果如图4-35所示。

图4-34

图4-35

小知识

如果使用【画笔工具】在涂抹过程中擦除了不应该去掉的红色，可以再次将前景色设置回黑色，在需要重新显示红色的位置进行涂抹，红色将会重新覆盖这些区域。

在快速蒙版模式下，几乎可以使用任何绘图手段进行操作，其原理就是：如果要增加选区则使用白色为前景色进行涂抹；如果要减少选区则使用黑色作为前景色进行涂抹；另外，如果使用介于黑色与白色之间的任何一种具有不同灰度的颜色进行涂抹，可以得到具有不同不透明度的选区。选择【画笔工具】在要选择的对象的边缘处进行涂抹时，可以得到具有羽化效果的选区。

4.2.4 使用【钢笔工具】

Photoshop中的【钢笔工具】是矢量工具，可以绘制光滑的曲线路径，适用于边缘光滑、形状不规则的对象，使用【钢笔工具】绘制路径完毕之后，可以将路径转换成选区选中对象，建立选区。下面讲述使用【钢笔工具】创建选区的方法：

打开"素材/第4章/纸鹤.jpg"，选择工具箱中的【钢笔工具】，在图像中绘制路径，如图4-36所示。

图4-36

提示

在调整曲线的时候，要按下【Ctrl（Windows）/Command（Mac OS）】键进行调整，不能按下【Alt（Windows）/Option（Mac OS）】键。【Ctrl（Windows）/Command（Mac OS）】键可以保证该点在调整的时候仍然是一个平滑点，具体的调节方法会在本书9.4路径与矢量工具节中详细讲述。

选择【路径】调板，在【路径】调板中会显示创建的路径，默认名称为"工作路径"。单击【路径】调板右边的 ▤ 按钮，在弹出的菜单中选择【建立选区】命令，如图4-37所示，弹出【建立路径】对话框，单击【确定】按钮，路径就会转换成选区，如图4-38所示。

使用【钢笔工具】创建选区完毕。

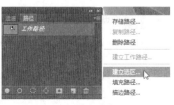

图4-37 　　　　　　　　　　图4-38

4.3 选区的编辑操作

在使用选框工具、套索工具或者一些其他选区创建工具建立选区之后，有的选区难免差强人意，我们要对不满意的选区进行调整，也可以添加或删除像素来改变选框的选择范围。

4.3.1 基本选区编辑命令

1．全选

当需要选择整张图时，可以执行【选择】>【全选】命令，或按【Ctrl（Windows）/Command（Mac OS）+A】组合键，整个图像就会被选中，如图4-39所示。

2．取消选择

执行【选择】>【取消选择】命令，或按【Ctrl（Windows）/Command（Mac OS）+D】组合键可以取消选区。

图4-39

3．重新选择

执行【选择】>【重新选择】命令，或按【Shift+Ctrl（Windows）/Command（Mac OS）+D】组合键可以重新创建选区。

4．反向

反向用于创建选区后，将选区进行反转，把图像中已选择的部分取消选择，没有选中的部分选中。执行【选择】>【反向】命令，或按【Shift+Ctrl（Windows）/Command（Mac OS）+I】组合键，如图4-40所示。

使用矩形选框工具创建选区　　　利用【反向】命令将选区反向选取

图4-40

5．移动选区

创建选区之后，如果在新选区按钮是按下的状态下，使用选框、魔棒和套索工具时，只要将光标放在选区内拖动可进行选区移动，利用键盘上的方向键也可以完成选区的移动，如图4-41所示。

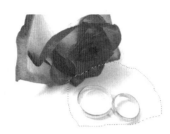

图4—41

4.3.2 / 编辑选区的形态

在绘制选区的时候，需要对选区进行精确的放大或缩小调整，此时可以使用选区调整命令对选区进行扩大、缩小、平滑等操作，从而快捷、准确地得到所需要的选区。

1．边界化选区

边界化选区的操作方法如下：

打开"素材/第4章/色环.jpg"，选择工具箱中的【快速选择工具】并将色环选中，如图4-42所示。

图4—42

执行【选择】>【修改】>【边界】命令，弹出【边界选区】对话框，在【宽度】文本框中输入"50"，单击【确定】按钮将得到如图4—43所示的效果。

图4—43

2．平滑选区

使用【魔棒工具】创建选区的过程中，这时可以进行平滑选区的操作，操作方法如下：

打开"素材/第4章/颜料.jpg"，如图4-44所示，选择工具箱中的【魔棒工具】并将图像中白色的部分选中，如图4-45所示。

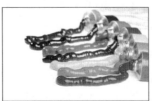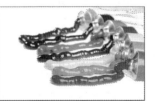

图4—44　　　　　　　　　图4—45

执行【选择】>【修改】>【平滑】命令，弹出【平滑选区】对话框，如图4—46所示，在【取样半径】文本框中输入"15"，单击【确定】按钮得到如图4—47所示的效果，将生硬的选区变平滑，同时把没有选到的地方也选中，使整个选区的边缘变的更加平滑。

图4—46

图4—47

3．扩展与收缩选区

扩展、收缩选区的操作方法如下：

打开"素材/第4章/海星.jpg"，如图4—48所示，选择工具箱中的【多边形套索工具】将图像中的海星选中，如图4—49所示。

图4—48

图4—49

执行【选择】>【修改】>【扩展】命令，弹出【扩展选区】对话框，如图4—50所示，在【扩展量】文本框中输入"25"，单击【确定】按钮将得到如图4—51所示的效果。

图4—50

图4—51

执行【选择】>【修改】>【收缩】命令，弹出【收缩选区】对话框，如图4-52所示，在【收缩量】文本框中输入"45"，单击【确定】按钮将得到如图4-53所示的效果。

图4—52

执行【收缩】命令前

执行【收缩】命令后

图4—53

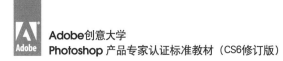

4．扩大选区

在使用创建选区工具的实际操作中经常会遇到一类图像，相同颜色区域在画面中分布在图像的不同位置，而且边缘非常复杂难选。当遇到这种情况时，使用【扩大选取】和【选取相似】命令可以解决在此类图像中进行选择时所遇到的问题。

打开"素材/第4章/花朵.jpg"，如图4-54所示，选择工具箱中的【魔棒工具】，制作选区，如图4-55所示。

图4-54　　　　　　　　　　　图4-55

执行【选择】>【扩大选取】命令，可以依据当前已经创建的选区的图像颜色值来扩大选区，如图4-56所示。

执行【选择】>【选取相似】命令，可以根据已经选中的图像上所有和原选择范围相近的颜色进行选择，其中包括不相邻区域的相近颜色，如图4-57所示。

【扩大选取】命令　　　　　　　　　【选取相似】命令

图4-56　　　　　　　　　　　图4-57

5．羽化

羽化是通过建立选区和选区周围像素之间的转换来模糊像素的边缘，这种模糊的方法将丢失选区边缘的一些图像的细节。

在Photoshop中要实现羽化效果，可以采用两种方法。**一种方法是在还没有创建选区的情况下，使用【矩形选框工具】、【椭圆选框工具】、【套索工具】等工具时，在其工具选项栏的【羽化】文本框中设置羽化值；另一种方法为在已经创建选区的情况下，执行【选择】>【修改】>【羽化】命令，在弹出的对话框中输入数值，使当前选区具有羽化效果。**

> **小知识**
>
> 　　如果选区较小而羽化半径较大，就会弹出一个警告对话框。单击【确定】按钮，表示确认当前设置的羽化半径，这时的选区会变得相当模糊，以至于在画面中看不到，但是选区仍然存在。

6．调整边缘

在Photoshop中，可以通过【调整边缘】对话框中的各个选项，精确控制使用各种选区创建工具选出的区域边缘，能够对选区进行微调，从改变选区的大小到选区的羽化效果，所有的效果都能实时预览，具体操作方法如下。

打开"素材/第4章/七彩风车.jpg"，如图4-58所示，选择【快速选择工具】选择图像中花朵以外的部分，执行【选择】>【反向】命令，选中图像中的花朵，如图4-59所示。

图4-58　　　　　　　　　　图4-59

执行【选择】>【调整边缘】命令，弹出【调整边缘】对话框，如图4-60所示。设置好后，单击【确定】按钮，应用设置。

图4-60

【半径】：用于设置选区边缘的半径。

【平滑】：用于设置平滑选区边缘。

【羽化】：用于设置柔化选区边缘。

【对比度】：用于设置选区边缘的对比度。

【移动边缘】：用于收缩或者扩展选区的边界，正值表示扩展选区的边界，负值表示收缩选区的边界。

【视图】：可分为闪烁虚线、叠加、黑底、白底、黑白、背景图层、显示图层。不同的选项会对应不同的视图，如图4-61、4-62和图4-63所示。

闪烁虚线　　　　　　　叠加　　　　　　　　黑底　　　　　　　　白底

图4-61　　　　　　　　　　　　　　图4-62

黑白　　　　　　　背景图层　　　　　　　显示图层
图4-63

4.3.3 / 实战案例——选区的编辑操作

1．使用羽化命令合成图像

01 打开"素材/第4章/火焰女孩.jpg、火焰背景.jpg"，如图4-64所示。

图4-64

02 选择工具箱中的【椭圆选框工具】，制作选区，如图4-65所示；执行【选择】>【修改】>【羽化】命令，在弹出的【羽化选区】对话框中设置【羽化半径】为"50"，如图4-66所示，单击【确定】按钮，为选区添加羽化效果。

图4-65　　　　　　　　　　　　　　　图6-66

03 执行【编辑】>【拷贝】命令，或按【Ctrl（Windows）/Command（Mac OS）+C】组合键，对选中图像进行复制。

04 激活"素材/第4章/火焰背景.jpg"图片，执行【编辑】>【粘贴】命令，或按【Ctrl（Windows）/Command（Mac OS）+V】组合键，再调整图片至合适的位置，得到如图4-67所示的效果。

图4-67

4.3.4 变换选区

变换选区的方式可以分为两种，一种是对已有选区的缩放、拉伸和旋转等操作；另一种是对选区的内容进行缩放、拉伸和旋转等操作。

变换选区范围的操作方法如下：

打开"素材/第4章/3D小人.jpg"，选择【快速选择工具】选择图像中人物部分，如图4-68所示。

图4-68

执行【选择】>【变换选区】命令，选区四周会出现一个带有调节手柄的矩形，通过拖动调节手柄，可以对选区进行旋转、缩放等操作，按住【Shift】键同时拖动右下角的调节手柄对选区进行等比例缩小，双击或按【Enter（Windows）/Return（Mac OS）】键完成选区的变换，如图4-69所示。执行【变换选区】命令只改变选区范围，而不会影响图像的内容。

图4-69

4.3.5 存储和载入选区

1. 存储选区

选择工具箱中的【矩形选框工具】，在文档中创建一个矩形选区，执行【选择】>【存储选区】命令，弹出存储选区对话框，如图4-70所示。

图4-70

【新建通道】：选择该单选按钮，可以将选区新建一个Alpha通道，存储到通道面板中。

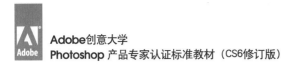
【添加到通道】：选择该单选按钮，可以将选区添加到创建的Alpha通道中。

【从通道中减去】：选择该单选按钮，可以将选区从当前的Alpha通道减掉。

【与通道交叉】：选择该单选按钮，可以保留选区与Alpha通道中相交的部分，存储到Alpha通道中。

2．载入选区

执行【选择】>【载入选区】命令，弹出载入选区对话框，如图4-71所示。

图4-71

【文档】：在该下拉列表框中选择当前的图像文件。

【通道】：在该下拉列表框中选择要载入的通道。

【反相】：选中此复选框，使未选区域被选择，已选区域不被选择。

【操作】：选择一种载入选区的操作方式。

【新建选区】：选择该单选按钮，可以将选择的通道载入到图像文件中成为新的选区。

【添加到选区】：选择该单选按钮，可以将选择的通道与当前选区相加，载入到图像文件中成为新的选区。

【从选区中减去】：选择该单选按钮，可以将选择的通道从当前选区中减掉，载入到图像文件中成为新的选区。

【与选区交叉】：选择该单选按钮，可以保留选择的通道与当前选区中相交的部分，载入到图像文件中成为新的选区。

4.3.6 / 实战案例——载入与存储选区操作

在Photoshop中创建一个新的选区时，旧的选区就会消失，无法对原选区进行操作，因此需要将常用的选区保存起来，这样就能随时载入以恢复选区。

01 打开"素材/第4章/牛奶草莓.jpg"，选择工具箱中的【魔棒工具】，在图像中创建一个选区，如图4-72所示。

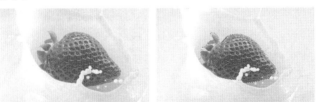

图4-72

02 执行【选择】>【存储选区】命令，在弹出的【存储选区】对话框的【名称】文本框中输入"红色人物"，如图4-73所示。在该对话框中将当前图像的选区存储到"通道"中，成为新的Alpha通道。

03 单击【确定】按钮后，执行【窗口】>【通道】命令，可以看到【通道】调板发生了变化，增加了一个新的通道，如图4—74所示。

图4—73　　　　　　　　　　　　　　　图4—74

04 执行【选择】>【取消选区】命令将图像中的选区取消，再次执行【选择】>【载入选区】命令，弹出【载入选区】对话框，通过它可将已存储的选区或Alpha通道载入到当前图像中，如图4—75所示。

图4—75

4.4　综合案例——制作阿迪达斯的三叶草形Logo

某公司接到阿迪达斯的商品宣传广告的制作任务，要求为阿迪达斯新上市的产品设计一款精美的海报，其中就要制作其品牌商标的Logo图标放在海报上。下面就制作产品商标的logo。

知识要点提示

选择【视图】>【显示】子菜单来显示网格。

运用加减选区、变换选区命令。

【存储选区】、【载入选区】命令的应用。

【扩展】命令的应用。

操作步骤

01 执行【文件】>【新建】命令或按【Ctrl（Windows）/Command（Mac OS）+N】组合键，弹出【新建】对话框，按图4—76所示进行相关设置。单击【确定】按钮，新建名为"三叶草logo"的文档。

02 执行【视图】>【显示】>【网格】命令或按【Ctrl（Windows）/Command（Mac

OS）+'】组合键，窗口中将显示网格，如图4—77所示。

图4—76 图4—77

03 选择工具箱中的【矩形选框工具】，在工具选项栏的【样式】下拉列表框中选择【固定大小】选项，设置【宽度】、【高度】均为"425像素"，如图4-78所示。在文档编辑窗口中创建一个正方形选区，如图4—79所示。

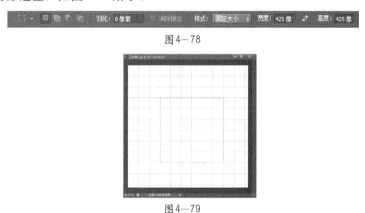

图4—78

图4—79

04 选择工具箱中的【椭圆选框工具】，在工具选项栏中单击【与选区交叉】按钮，其他参数的设置如图4—80所示。在文档编辑窗口中拖动圆形选区，将其与正方形选区交叉，如图4—81所示。松开鼠标左键，获得一个半圆选区，如图4—82所示。

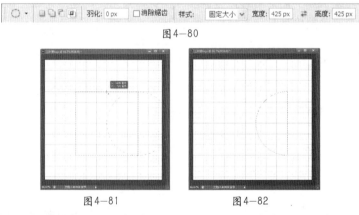

图4—80

图4—81 图4—82

05 重复使用【椭圆选框工具】创建一个圆形选区，拖动该选区使其与刚才创建的半圆选区交叉，松开鼠标左键后，将得到一个叶片状的选区，如图4—83所示。

06 在工具选项栏中单击【新选区】按钮，将光标放在选区中，此时可以通过拖动选区，改变其在图像中的位置，如图4—84所示。

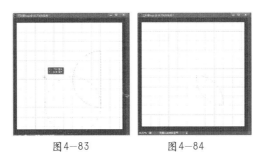

图4-83   图4-84

[07] 执行【选择】>【存储选区】命令,弹出【存储选区】对话框。在【名称】文本框中输入选区名称"选区01",如图4-85所示。完成设置后单击【确定】按钮,保存当前选区。

[08] 执行【选择】>【变换选区】命令,对选区进行变换,并移动至合适位置,如图4-86所示。按【Enter(Windows)/Return(Mac OS)】键确认选区变换。

图4-85   图4-86

[09] 执行【选择】>【存储选区】命令,弹出【存储选区】对话框。在【名称】文本框中输入"选区02",如图4-87所示。完成设置后单击【确定】按钮,保存选区。

[10] 执行【选区】>【变换选区】命令,对选区进行变换,将选区移动至合适的位置,如图4-88所示。

图4-87   图4-88

[11] 执行【选择】>【载入选区】命令,弹出【载入选区】对话框。在【通道】下拉列表中选择【选区01】,并选中【添加到选区】单选按钮,如图4-89所示。单击【确定】按钮,在图像中载入"选区01"选区,如图4-90所示。

图4-89   图4-90

⑿ 使用上述相同的方法载入"选区02"选区，得到如图4—91所示的效果。

图4—91

⒀ 新建"图层1"，将前景色的RGB数值设置为"R：0、G：110、B：250"，如图4—92所示，按【Alt（Windows）/Option（Mac OS）+Delete】组合键为选区填充颜色，得到如图4—93所示的效果。然后按【Ctrl（Windows）/Command（Mac OS）+D】组合键取消选区。

图4—92　　　　　　　　　　　　　　　　图4—93

⒁ 选择工具箱中的【单行选框工具】，然后在"图层1"上创建选区，如图4—94所示。

⒂ 执行【选择】>【修改】>【扩展】命令，在弹出的【扩展选区】对话框中设置【扩展量】为"10"，如图4—95所示。单击【确定】按钮，选区得到了扩展，如图4—96所示。

图4—94　　　　　　　　　图4—95　　　　　　　　　图4—96

⒃ 按【Delete】键清除选区内容，得到如图4—97所示的效果。

⒄ 使用键盘上的方向键将选区向下移动至合适位置，按【Delete】键清除选区内容，得到如图4—98所示的效果。再次重复此操作得到如图4—99的效果。

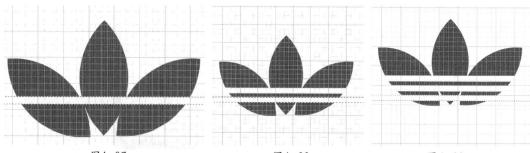

图4—97　　　　　　　　　图4—98　　　　　　　　　图4—99

18 执行【选择】>【取消选择】命令，取消选区。执行【视图】>【显示】>【网格】命令，取消网格显示，得到最终效果，如图4-100所示。

图4-100

到此，利用选区功能制作阿迪达斯的三叶草Logo的实例完成，也可以根据需要为其添加文字，具体操作方法会在后面的章节讲述。

4.5 本章小结

选区是在Photoshop中经常用到的功能，也是Photoshop非常重要的功能之一，选区是指定图像编辑的有效区域，通过创建选区，能对指定区域内的图像进行编辑，这样能保护整张图片不会受到破坏，同时还可以利用选区对图像进行选择和拼合，来组合成新的图像。本章主要讲解选区常用命令的基本操作和编辑方法，通过实战案例的制作，让学习者不仅明白选区的理论，更懂得怎样去正确地操作。

4.6 本章练习

1．基础练习

运用工具箱中的【矩形选框工具】与【椭圆选框工具】根据自己的创意设计一款产品商标的logo。

重点难点提示

使用工具箱中的【矩形选框工具】与【椭圆选框工具】时，注意运用加减选区的命令来进行不同形状的绘制。

2．能力提升

将如图4-101所示的"捧着地球的小男孩.jpg"素材的背景更换为图4-102所示的"黄昏背景.jpg"素材。

图4-101

图4-102

第5章
绘画与图片修饰

绘画与图像修饰功能是Photoshop中一个非常重要的功能，通过绘图工具与图片修饰工具，用户能完成从简单的数码相片的修饰到复杂的图像处理，同时Photoshop还为用户提供非常优秀的颜色选择工具，能帮助用户快速准确地选择颜色，完成对图像的编辑，实现对图像的美化。

本章学习要点

→ 学会使用Photoshop拾色器为图像设置颜色

→ 学会使用Photoshop各种绘图工具绘制图像

→ 学会使用Photoshop的修饰工具修复图片瑕疵

5.1 颜色设置

使用工具箱中的【画笔工具】、【渐变工具】等工具时，需要设置它们的颜色，在Photoshop中可以通过颜色设置工具来设置颜色。

5.1.1 拾色器

单击工具箱中的【设置前景色】或【设置背景色】图标，会弹出【拾色器】对话框，如图5-1所示。

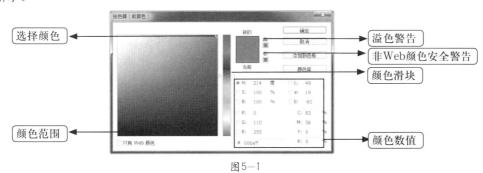

图5—1

在【拾色器】对话框中，可以选择不同的色彩模式来确定颜色，如RGB、CMYK、Lab等。

【颜色范围】：提供用于选择的颜色，通过拖动拾色器中的【颜色滑块】可以改变当前的颜色范围。

【选择颜色】：在拾色器中所提供的颜色范围内拖动鼠标可以改变当前所选择的颜色。

【颜色数值】：用于显示当前设置的颜色数值，可以通过精确的数值来定义颜色。

【溢色警告】：用于通知用户显示打印机无法正确打印的颜色设置。

【颜色滑块】：用于调整拾色器中选择颜色的范围，拖动滑块可以改变。

【非Web颜色安全警告】：用于警告用户，当前所设置的颜色不能在网页中正确显示。

5.1.2 前景色和背景色

在Photoshop的工具箱中，有设置前景和背景色的图标，如图5-2所示。通过拾色器来设置前景色和背景色。前景色决定了当前使用的【钢笔工具】或者【渐变工具】中的使用颜色。背景色决定了【橡皮擦工具】擦除图像时所需要的颜色。

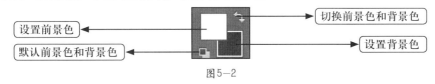

图5—2

单击【设置前景色】图标，在弹出的【拾色器】对话框中，选择红色，然后单击【确定】按钮，修改前景色成功，如图5-3所示。

图5-3

5.1.3 / 使用【色板】调板设置颜色

执行【窗口】>【色板】命令，打开【色板】调板，在【色板】调板中的颜色都是预先设置好的，可以单击一个颜色，该颜色就可以设置为前景色，如图5-4所示，如果按住【Ctrl（Windows）/Command（Mac OS）】键单击一个颜色，则可以将其设置为背景色，如图5-5所示。

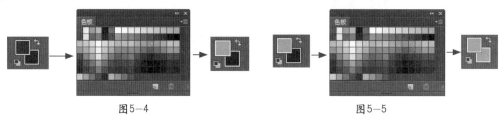

图5-4   图5-5

5.1.4 / 使用【吸管工具】设置颜色

在Photoshop中可以使用【吸管工具】将图像中的某种颜色应用于前景色或者背景色中。

选择工具箱中的【吸管工具】，在打开的图像文件中，将光标放到所要选取的颜色上单击，可以将该颜色设置为前景色，如图5-6所示。在选取时按住【Alt（Windows）/ Option（Mac OS）】键可以将该颜色设置为背景色，如图5-7所示。

图5-6   图5-7

如果使用绘图工具时，需要从图像选择颜色，可以按住【I】键切换到【吸管工具】选取前景色颜色。

在吸管工具选项栏中，可以通过【取样大小】下拉列表框更改吸管的取样大小。

5.1.5 / 使用【颜色取样器工具】设置颜色

【颜色取样器工具】用于在图像中设置颜色取样点，以及获得图像中不同位置上的颜色信息。使用【颜色取样器工具】最多可取4处，颜色信息将显示在【信息】调板中，如图5-8所示。

图5-8

5.2 填充和描边

填充用于填充图像或者选区内的颜色或者图案。描边则是为图像或者选区调整可见边缘。

5.2.1 填充

在Photoshop中，填充颜色可以使用【填充】命令和【油漆桶工具】两种方式填充图像。

1. 使用【填充】命令填充图像

执行【编辑】>【填充】命令可以完成对图像或者选区的填充。

（1）填充单色

执行【编辑】>【填充】命令，在弹出的对话框中单击【使用】下拉按钮，在弹出的下拉列表中可以选择【前景色】、【背景色】和【颜色】选项，用来填充颜色，选择【颜色】选项，会弹出【选取一种颜色】对话框，可以选择要填充的颜色，单击【填充】对话框中的【确定】按钮完成填充操作，如图5-9所示。

图5-9

在【填充】对话框中的【模式】下拉列表框中可以设置填充色与图像中颜色的混合模式，该混合模式与图层混合模式相同，不再作具体讲解。

（2）填充图案

执行【编辑】>【填充】命令，在弹出的对话框中单击【使用】下拉按钮，在弹出下拉列表中可以选择【图案】选项，在【自定图案】选项中选择要填充图案，如图5-10所示。还可以通过单击选择图案下拉调板右上角的 ✿. 按钮，在弹出的菜单中可以用其他图案来替换当前图案，完成图案填充，如图5-11所示。

图5-10   图5-11

通过单击选择图案下拉调板中的 ✿ 按钮，在弹出的菜单中可以对当前的图案进行管理，如复位图案、载入图案、调整图案的缩略图等。

2. 使用【油漆桶工具】填充图像

【油漆桶工具】填充颜色值与单击像素相似的相邻像素。在图像中如果创建了选区，填充的区域为选区区域。如果没有建立选区则会填充单击处周围的颜色区域。**【油漆桶工具】不能用于位图模式的图像。**

在油漆桶工具选项栏中，用来设置图像的填充方式和一些参数设置，如图5-12所示。

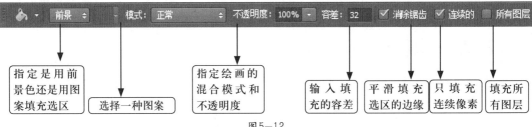

图5-12

在填充图像的过程中，如果要使用前景色填充，可按【Alt（Windows）/Option（Mac OS）+Delete】组合键，使用背景色填充可以按【Ctrl（Windows）/Command（Mac OS）+Delete】组合键。

5.2.2 描边

使用【描边】命令可以在选区、路径或图层周围绘制彩色边框。如果按此方法创建边框，则该边框将变成当前图层的栅格化部分。

在工具箱中单击【设置前景色】图标，在弹出的【拾色器】对话框中设置颜色，如图5-13所示。

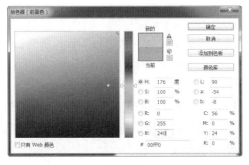

图5-13

在图像中创建选区，如图5-14所示，执行【编辑】>【描边】命令，弹出【描边】对话框，设置参数如图5-15所示。在【颜色】选项中，默认为前景色，也就是刚才设置的前景色，单击【确定】按钮。得到效果如图5-16所示。

图5-14　　　　　　　　图5-15　　　　　　　　图5-16

在【描边】对话框中可以单击【颜色】后的色块，在弹出的【选取描边颜色】对话框中选择所需要的描边颜色。

在【位置】选项组中，可以指定是在选区或图层边界的内部、外部还是中心放置边框。如果图层内填充整个图像，则在图层外部应用的描边将不可见。在【混合】选项组中可以设置描边的混合模式和不透明度。

> **小知识**
>
> 　要创建可像叠加一样打开、关闭的形状或图层边框，并对它们消除锯齿用以创建具有柔化边缘的角和边缘，使用描边图层样式而不是【描边】命令。

5.3　渐变工具

【渐变工具】可以创建多种颜色间的逐渐混合。可以从预设渐变填充中选择或创建自己的渐变。【渐变工具】不能用于位图或索引颜色图像。通过在图像中拖动渐变填充区域，起点（按下鼠标左键处）和终点（松开鼠标左键处）会影响渐变外观。

5.3.1　渐变工具选项栏

选择工具箱中的【渐变工具】，在工具选项栏中出现渐变工具选项，如图5-17所示。

图5-17

【渐变编辑器】：在【渐变编辑器】对话框中显示当前的渐变颜色和其他的渐变颜色，还可以新建或者修改其他的渐变颜色然后进行保存。

【渐变类型】：用于选择渐变颜色的类型。【线性渐变】以直线从起点渐变到终点。【径向渐变】以圆形图案从起点渐变到终点。【角度渐变】围绕起点以逆时针扫描方式渐变。【对称渐变】使用均衡的线性渐变在起点的任一侧渐变。【菱形渐变】以菱形方式从起点向外渐变终点定义菱形的一个角。

【模式】：用来设置渐变时的混合模式。

【不透明度】：用来设置渐变效果的不透明度。

【反向】：反转渐变填充中的颜色顺序。

【仿色】：用较小的带宽创建较平滑的混合，使渐变的效果更平滑。

【透明区域】：用于创建包含透明像素的渐变。

5.3.2 渐变编辑器

选择工具箱中的【渐变工具】，双击渐变工具选项栏中的渐变颜色条，会弹出【渐变编辑器】对话框，如图5-18所示。

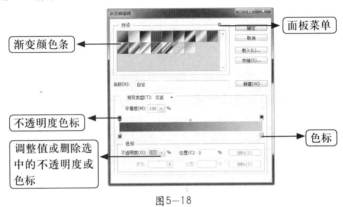

图5—18

1．新建渐变颜色

单击【渐变编辑器】对话框中的【新建】按钮，会在【预设】列表框中显示对应的缩略图，在【名称】文本框中可以修改渐变的名称，或者双击该渐变颜色的缩略图，弹出【渐变名称】对话框，修改渐变颜色的名称，如图5-19所示。

图5—19

2．编辑渐变颜色

在【渐变编辑器】对话框中，通常要根据自己的需要修改渐变颜色，可以通过添加色标和修改色标的颜色来改变渐变颜色。将光标放到色标滑块上单击，激活色标下面的颜色选项，如图5-20所示。双击该色标，在弹出的【选择色标颜色】对话框中可以修改色标的颜色，如图5-21所示。

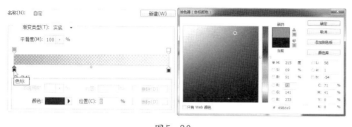

图5—20   图5—21

当要创建多个颜色的渐变时，还可以通过添加色标的方式来增加渐变条中的颜色，将光标放到渐变条的下方，当光标变成👆形状，单击可以添加色标，如图5-22所示。双击该色标可以修改颜色，如图5-23所示为添加多个色标所修改的渐变条。

图5—22   图5—23

如果想要删除某个色标，单击该色标，单击下面的【删除】按钮即可。单击颜色条上面的色标，可以修改渐变色的不透明度，通过调整【位置】数值的大小来改变色标的位置，如图5-24所示。可以使用同样的方法来添加色标修改渐变条的不透明度，如图5-25所示为更改渐变条的不透明度。

图5—24   图5—25

3．载入与存储渐变颜色

存储新建的渐变条，单击【存储】按钮，弹出的【存储】对话框，可以重命名渐变色的名称，单击【确定】按钮保存。

载入存储的渐变颜色，单击【载入】按钮，弹出【载入】对话框，可以选择载入之前保存的渐变颜色。

5.3.3 杂色渐变

杂色渐变包含了在所指定的颜色范围内随机分布的颜色。在【渐变编辑器】对话框中，选择【渐变类型】为【杂色】，如图5-26所示。

图5—26

【粗糙度】：控制渐变中的两个色带之间逐渐过渡的方式。

【颜色模型】：更改可以调整的颜色分量。对于每个分量，拖动滑块可以定义可接受值的范围。例如，如果选取 HSB 模型，可以将渐变限制为蓝绿色调、高饱和度和中等亮度。

【限制颜色】：**防止过饱和颜色。**

【增加透明度】：增加随机颜色的透明度。

【随机化】：随机创建符合上述设置的渐变，单击该按钮，可以随机分布渐变杂色，直至找到所需的设置为止。

5.4 【画笔工具】与【画笔】调板

【画笔工具】是Photoshop中最常用的绘图工具，而【画笔】调板则是Photoshop中一个非常重要的调板。通过【画笔】调板能设置【画笔工具】、【铅笔工具】，以及【减淡工具】、【加深工具】等一些绘画和修饰工具的画笔大小、硬度和笔尖的种类。

5.4.1 画笔工具

【画笔工具】能够使用前景色来绘制线条，同时还能修改蒙版和通道，如图5-27所示为画笔工具选项栏。

图5—27

在画笔工具选项栏中，可以调节画笔的大小、形状和硬度等定义的特性。

【画笔预设】：单击【画笔预设】右侧的 · 按钮，可以打开画笔预设选取器，在其中可以选择笔尖，设置画笔的大小和硬度。

【大小】：暂时更改画笔大小。拖动滑块或输入一个值。如果画笔具有双笔尖，则主画笔笔尖和双画笔笔尖都将进行缩放。

【硬度】：更改【画笔工具】的消除锯齿量。如果为100%，【画笔工具】将使用最硬的画笔笔尖绘画，仍然消除了锯齿。但【铅笔工具】始终绘制没有消除锯齿的硬边缘（仅适用于圆形画笔和方头画笔）。

【模式】：用于设置画笔绘制的线条与下面的像素的混合模式。

【不透明度】：用来设置画笔的不透明度，数值越高，线条的透明度越低。

【流量】：用于设置光标移动时应用颜色速率。

【喷枪】：用于启用喷枪功能。根据鼠标左键的单击程度来确定画笔线条填充的数量。

5.4.2 【画笔】调板

在【画笔】调板中，可以从【画笔预设】调板中选择预设画笔，还可以修改现有画笔并设计新的自定画笔。【画笔】调板包含一些可用于确定如何向图像应用颜料的画笔笔尖选项，如图5-28所示。

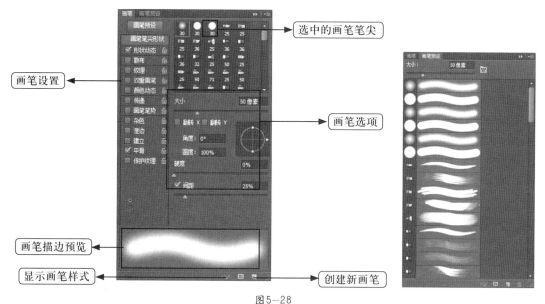

图5-28

【画笔设置】：单击画笔设置中的选项，在调板的右侧会显示该选项设置的详细内容，可以用来修改画笔的角度，为其添加纹理、颜色动态等。

【画笔描边预览】：用于查看所选择的画笔的笔尖形状。

【选中的画笔笔尖】：当前所选择的画笔笔尖。

【画笔选项】：用来调整画笔的参数，调整画笔。

【创建新画笔】：用于保存修改的画笔，作为一个新的预设画笔。

【显示画笔样式】：用于在窗口中显示画笔笔尖的样式。

5.4.3 画笔笔尖的种类

在Photoshop中，画笔的笔尖一共可以分为3类，第一类是圆形笔尖；第二类是毛刷笔尖；第三类是图像样本笔尖，如图5-29所示。

图5-29

圆形的笔尖又包括了实边、柔边和尖角、柔角选项。使用尖角和实边笔尖边缘绘制的线条具有清晰的边缘；而柔角和柔边绘制出来的线条，边缘柔和，有淡入淡出的效果。

5.4.4 画笔设置选项

画笔的形状动态决定描边中画笔绘制出的轨迹是如何的变化，能让画笔的大小、圆度产生随机的变化。

1．形状动态

形状动态决定描边中画笔笔迹的变化，如图5-30所示。

【大小抖动】和【控制】：指定描边中画笔笔迹大小的改变方式。要指定抖动的最大百分比，通过输入数字或拖动滑块来设置。

【最小直径】：指定当启用【大小抖动】或【控制】时画笔笔迹可以缩放的最小

图5-30

百分比。可通过输入数字或拖动滑块来设置画笔笔尖直径的百分比值。

【倾斜缩放比例】：指定当【控制】设置为【钢笔斜度】时，在旋转前应用于画笔高度的比例因子。输入数字或者拖动滑块设置画笔直径的百分比值。

【角度抖动】和【控制】：指定描边中画笔笔迹角度的改变方式。要指定抖动的最大百分比，输入一个是 360 度的百分比的值。要指定希望如何控制画笔笔迹的角度变化，从【控制】下拉列表框中选择一个选项。**【关】选项指定不控制画笔笔迹的角度变化**；【渐隐】选项按指定数量的步长在0～360度之间渐隐画笔笔迹角度；【钢笔压力】、【钢笔斜度】、【光笔轮】、【旋转】选项依据钢笔压力、钢笔斜度、钢笔拇指轮位置或钢笔的旋转在0～360度之间改变画笔笔迹的角度；【初始方向】选项使画笔笔迹的角度基于画笔描边的初始方向；【方向】选项使画笔笔迹的角度基于画笔描边的方向。

2．散布

画笔散布可确定描边中笔迹的数目和位置，如图5-31所示。

【散布】和【控制】：指定画笔笔迹在

图5-31

描边中的分布方式。当选中【两轴】复选框时，画笔笔迹按径向分布。当取消选中【两轴】复选框时，画笔笔迹垂直于描边路径分布。要指定散布的最大百分比，输入一个值。要指定希望如何控制画笔笔迹的散布变化，可以从【控制】下拉列表框中选择一个选项。【关】选项指定不控制画笔笔迹的散布变化；【渐隐】选项按指定数量的步长将画笔笔迹的散布从最大散布渐隐到无散布；【钢笔压力】、【钢笔斜度】、【光笔轮】、【旋转】选项是依据钢笔压力、钢笔斜度、钢笔拇指轮位置或钢笔的旋转来改变画笔笔迹的散布。

【数量】：是指定在每个间距间隔应用的画笔笔迹数量。

【数量抖动】和【控制】：指定画笔笔迹的数量如何针对各种间距间隔而变化。要指定在每个间距间隔处涂抹的画笔笔迹的最大百分比，输入一个值。要指定希望如何控制画笔笔迹的数量变化，从【控制】下拉列表框中选择一个选项。【关】选项指定不控制画笔笔迹的数量变化；【渐隐】选项按指定数量的步长将画笔笔迹数量从"数量"值渐隐到1；【钢笔压力】、【钢笔斜度】、【光笔轮】、【旋转】选项是依据钢笔压力、钢笔斜度、钢笔拇指轮位置或钢笔的旋转来改变画笔笔迹的数量。

图5-32

3．纹理

纹理是利用图案使描边看起来像是在带纹理的画布上绘制的一样，如图5-32所示。

【反相】：基于图案中的色调反转纹理中的亮点和暗点。当选中【反相】复选框时，图案中的最亮区域是纹理中的暗点，因此接收最少的油彩；图案中的最暗区域是纹理中的亮点，因此接收最多的油彩。当取消选中【反相】复选框时，图案中的最亮区域接收最多的油彩；图案中的最暗区域接收最少的油彩。

【缩放】：指定图案的缩放比例。输入数字或者拖动滑块来设置图案大小的百分比值。

【为每个笔尖设置纹理】：将选定的纹理单独应用于画笔描边中的每个画笔笔迹，而不是作为整体应用于画笔描边（画笔描边由拖动画笔时连续应用的许多画笔笔迹构成）。必须选中此复选框，才能使用【深度】选项。

【模式】：指定用于组合画笔和图案的混合模式。

【深度】：指定油彩渗入纹理中的深度。输入数字或者拖动滑块来设置。如果是100%，则纹理中的暗点不接收任何油彩。如果是0%，则纹理中的所有点都接收相同数量的油彩，从而隐藏图案。

【最小深度】：指定将【控制】设置为【渐隐】、【钢笔压力】、【钢笔斜度】或【光笔轮】，并且选中【为每个笔尖设置纹理】复选框时颜色可渗入的最小深度。【深度抖动】和【控制】：指定当选中【为每个笔尖设置纹理】复选框时深度的改变方式。要指定抖动的最大百分比，输入一个值。要指定希望如何控制画笔笔迹的深度变化，从【控制】下拉列表框中选择一个选项来控制。

4．双重画笔

双重画笔组合两个笔尖来创建画笔笔迹。将在主画笔的画笔描边内应用第二个画笔纹理；仅绘制两个画笔描边的交叉区域。在【画笔】调板的画笔笔尖形状部分中设置主要笔尖的选项，如图5-33所示。

图5-33

【模式】：选择从主要笔尖和双重笔尖组合画笔笔迹时要使用的混合模式。

【大小】：控制双笔尖的大小。以像素为单位输入值，或者单击【使用取样大小】按钮来使用画笔笔尖的原始直径（只有当画笔笔尖形状是通过采集图像中的像素样本创建的时，【使用取样大小】按钮才可用）。

【间距】：控制描边中双笔尖画笔笔迹之间的距离。要更改间距，输入数字或拖动滑块设置笔尖直径的百分比。

【散布】：指定描边中双笔尖画笔笔迹的分布方式。当选中【两轴】复选框时，双笔尖画笔笔迹按径向分布。当取消选中【两轴】复选框时，双笔尖画笔笔迹垂直于描边路径分布。要指定散布的最大百分比，输入数字或拖动滑块来设置。

【数量】：指定在每个间距间隔应用的双笔尖画笔笔迹的数量。输入数字或者拖动滑块来设置。

图5—34

5．颜色动态

颜色动态决定绘制线条中的颜色、明度、饱和度等颜色的变化方式，如图5-34所示。

【前景/背景抖动】和【控制】：指定前景色和背景色之间的油彩变化方式。要指定油彩颜色可以改变的百分比，输入数字或拖动滑块来设置。要指定希望如何控制画笔笔迹的颜色变化，从【控制】下拉列表框中选择一个选项来控制前景/背景抖动。

【色相抖动】：指定描边中油彩色相可以改变的百分比。输入数字或者拖动滑块来设置。较低的值在改变色相的同时保持接近前景色的色相；较高的值增大色相间的差异。

【饱和度抖动】：指定描边中油彩饱和度可以改变的百分比。输入数字或者拖动滑块来设置。较低的值在改变饱和度的同时保持接近前景色的饱和度；较高的值增大饱和度级别之间的差异。

【亮度抖动】：指定描边中油彩亮度可以改变的百分比。输入数字或者拖动滑块来设置。较低的值在改变亮度的同时保持接近前景色的亮度；较高的值增大亮度级别之间的差异。

【纯度】：增大或减小颜色的饱和度。输入一个数字或者拖动滑块设置一个-100～100之间的百分比。如果该值为-100，则颜色将完全去色；如果该值为100，则颜色将完全饱和。

6．传递

传递画笔选项确定色彩在描边路线中的改变方式，如图5-35所示。

未使用传递画笔   使用传递画笔

图5—35

【不透明度抖动】和【控制】：指定画笔描边中油彩不透明度如何变化，最高值是工具选项栏中指定的不透明度值。要指定油彩不透明度可以改变的百分比，输入数字或拖动滑块来设置。要指定希望如何控制画笔笔迹的不透明度变化，可以从【控制】下拉列表框中选择一个选项来控制不透明度抖动。

【流量抖动】和【控制】：指定画笔描边中油彩流量如何变化，最高（但不超过）值是工具选项栏中指定的流量值。要指定油彩流量可以改变的百分比，输入数字或拖动滑块来设置。要指定希望如何控制画笔笔迹的流量变化，从【控制】下拉列表框中选择一个选项来控制流量抖动。

7．其他画笔选项

【杂色】：为个别画笔笔尖增加额外的随机性。当应用于柔画笔笔尖时，此选项最有效。

【湿边】：沿画笔描边的边缘增大颜色量，从而创建水彩效果。

【喷枪】：将渐变色调应用于图像，同时模拟传统的喷枪技术。【画笔】调板中的【喷枪】选项与工具选项栏中的【喷枪】选项相对应。

【平滑】：在画笔描边中生成更平滑的曲线。当使用光笔进行快速绘画时，此选项最有效，但是它在描边渲染中可能会导致轻微的滞后。

【保护纹理】：将相同图案和缩放比例应用于具有纹理的所有画笔预设。选择此选项后，在使用多个纹理画笔笔尖绘画时，可以模拟出一致的画布纹理。

5.4.5 【画笔预设】调板

执行【窗口】>【画笔预设】命令，在工作区右侧会显示【画笔预设】调板，单击调板右上角的 按钮，会弹出【画笔预设】调板下拉菜单，如图5-36所示。

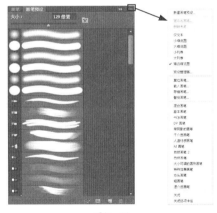

图5-36

1．新建画笔预设

用来创建新的画笔预设。新的预设画笔存储在一个首选项文件中。如果此文件被删除、损坏，或者将画笔复位到默认库，则新的预设将丢失。如果想永久存储新的预设画笔，将它们存储在库中。

2．重命名画笔预设

用于修改画笔的名称。在【画笔预设】调板中选择画笔，然后从该调板下拉菜单中选择【重命名画笔】命令。输入新的名称，然后单击【确定】按钮，或者在【画笔】调板中双击画笔笔尖，输入新名称，然后单击【确定】按钮，完成重命名操作。

3．删除预设画笔

用于删除画笔。在【画笔预设】调板中，执行以下任意操作：按住【Alt（Windows）/Option（Mac OS）】键并单击要删除的画笔或者选择画笔，然后从调板下拉菜单中选择【删除画笔】命令，或单击【删除画笔】按钮都可以将画笔删除。

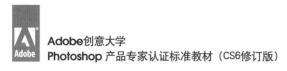
4．载入预设画笔库

要载入预设画笔库，从【画笔预设】调板下拉菜单中选择【载入画笔】和【替换画笔】命令。

【载入画笔】：将画笔库添加到当前列表。

【替换画笔】：用另一个画笔库替换当前列表。

也可以使用【预设管理器】命令载入和复位画笔库。

5．画笔在调板中的显示方式

在Photoshop的【画笔预设】调板中，显示画笔的方式一共有6种，分别是【仅文本】、【小缩览图】、【大缩览图】、【小列表】、【大列表】、【描边缩览图】，如图5-37和图5-38所示。

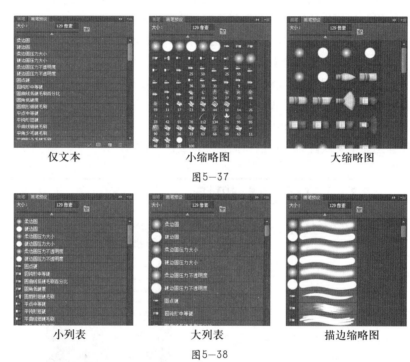

仅文本　　　　　　　　小缩略图　　　　　　　　大缩略图

图5-37

小列表　　　　　　　　大列表　　　　　　　　描边缩略图

图5-38

5.5 其他绘图工具

在Photoshop中除了【画笔工具】之外，【铅笔工具】、【颜色替换工具】和【历史画笔工具】等都是绘画工具，可以用来绘制图和修改图像。

1．铅笔工具

【铅笔工具】是使用前景色来绘制线条的，它与【画笔工具】唯一的区别是，【铅笔工具】只能绘制边缘硬朗的线条，不能绘制边缘柔化的线条。在工具选项栏中除了增加【自动抹除】复选框之外，其他选项与【画笔工具】相同。

【自动抹除】：在包含前景色的区域上方绘制背景色，选择要抹除的前景色和要更改为的背景色。

2．历史画笔工具

（1）历史记录艺术画笔工具

【历史记录艺术画笔工具】使用指定历史记录状态或快照中的源数据，以风格化描边进行绘画。通过尝试使用不同的绘画样式、大小和容差选项，可以用不同的色彩和艺术风格模拟绘画的纹理。

像【历史记录画笔工具】一样，【历史记录艺术画笔工具】也将指定的历史记录状态或快照用做源数据。但是，【历史记录画笔】通过重新创建指定的源数据来绘画，而【历史记录艺术画笔】在使用这些数据的同时，还使用用户为创建不同的颜色和艺术风格设置的选项，如图5-39所示为历史记录艺术画笔工具选项栏。

图5-39

【画笔预设】：选择一种画笔，并设置画笔选项。

【模式】：选择混合模式。

【样式】：选择选项来控制绘画描边的形状。

【区域】：输入值来指定绘画描边所覆盖的区域。值越大，覆盖的区域就越大，描边的数量也就越多。

【容差】：输入值以限定可应用绘画描边的区域。低容差可用于在图像中的任何地方绘制无数条描边；高容差将绘画描边限定在与源状态或快照中的颜色明显不同的区域。

（2）历史记录画笔工具

【历史记录画笔工具】对历史记录中的某一步进行抹除，可以用来对图像进行局部恢复，如图5-40所示。

图5-40

3．颜色替换工具

【颜色替换工具】用于替换图像中的颜色，可以将前景色的颜色替换到图像中，该工具不能应用于位图、索引或者多通道模式的图像。如图5-41所示为使用【颜色替换工具】所修改的图像效果。

图5-41

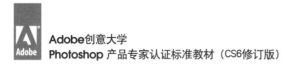
4．混合器画笔工具

【混合器画笔工具】可以模拟真实的绘画技术，如混合画布上的颜色、组合画笔上的颜色以及在描边过程中使用不同的绘画湿度。【混合器画笔工具】有两个绘画色管，一个储槽和一个拾取器。储槽存储最终应用于画布的颜色，并且具有较多的油彩容量；拾取色管接收来自画布的油彩，其内容与画布颜色是连续混合的。如图5-42所示为使用【混合器画笔工具】实现的效果。

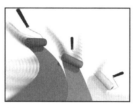

图5—42

在混合器画笔工具选项栏中，可以通过修改一些选项和数值来改变绘画的效果。

【有用的混合画笔组合】：应用流行的"潮湿"、"干燥"和"混合"设置组合。

【潮湿】：控制画笔从画布拾取的油彩量。较高的设置会产生较长的绘画条痕。

【混合】：控制画布油彩量同储槽油彩量的比例。比例为100%时，所有油彩将从画布中拾取；比例为0 时，所有油彩都来自储槽（不过，【潮湿】设置仍然会决定油彩在画布上的混合方式）。

【对所有图层取样】：拾取所有可见图层中的画布颜色。

5.6　图像修饰工具

在Photoshop中还提供了多种图像修饰工具，如【仿制图章工具】、【污点修复画笔工具】、【修补工具】和【红眼工具】等，它们都能用来修补图像中的污点和瑕疵。

5.6.1　仿制图章工具

【仿制图章工具】是将图像的一部分绘制到同一图像的另一部分或绘制到具有相同颜色模式的任何打开的文档的另一部分。也可以将一个图层的一部分绘制到另一个图层。【仿制图章工具】对于复制对象或移去图像中的缺陷很有用。

要使用【仿制图章工具】，要从其中拷贝像素的区域上设置一个取样点，按住【Alt（Windows）/Option（Mac OS）】键并单击来设置取样点，然后在另一个区域上绘制，如图5-43所示。要在每次停止并重新开始绘画时使用最新的取样点进行绘制，选中【对齐】复选框。取消选中【对齐】复选框将从初始取样点开始绘制，而与停止并重新开始绘制的次数无关。使用【不透明度】和【流量】设置以控制对仿制区域应用绘制的方式。

图5—43

5.6.2 / 图案图章工具

使用【图案图章工具】利用Photoshop中提供的各种图案或自定义图案进行绘画，可以通过修改工具选项栏中的【模式】、【不透明度】、【流量】的参数来调整绘制图像的效果，如图5-44所示。

图5—44

5.6.3 / 修复画笔工具

【修复画笔工具】可用于校正瑕疵，使它们消失在周围的图像中。与【仿制图章工具】一样，使用【修复画笔工具】可以利用图像或图案中的样本像素来绘画。但是，【修复画笔工具】还可将样本像素的纹理、光照、透明度和阴影与所修复的像素进行匹配。从而使修复后的像素不留痕迹地融入图像的其余部分。

在修复画笔工具选项栏中可以通过修改选项来调整画笔，如图5-45所示。

图5—45

【模式】：指定混合模式。选择【替换】可以在使用柔边画笔时，保留画笔描边的边缘处的杂色、胶片颗粒和纹理。

【源】：指定用于修复像素的源。【取样】单选按钮可以使用当前图像的像素。**【图案】单选按钮可以使用某个图案的像素。如果选择了【图案】单选按钮，从【图案】下拉面板中选择一个图案。**

【对齐】：连续对像素进行取样，即使释放鼠标按钮，也不会丢失当前取样点。如果取消选中【对齐】复选框，则会在每次停止并重新开始绘制时使用初始取样点中的样本像素。

【样本】：从指定的图层中进行数据取样。要从现用图层及其下方的可见图层中取样，选择【当前和下方图层】选项；要仅从现用图层中取样，选择【当前图层】选项；要从所有可见图层中取样，选择【所有图层】选项；要从调整图层以外的所有可见图层中取样，选择【所有图层】选项，然后单击【样本】下拉列表框右侧的【忽略调整图层】按钮。

可以使用【修复画笔工具】来修复图像，如图5-46所示为用【修复画笔工具】修复的图像效果。

图5—46

5.6.4 / 污点修复画笔工具

【污点修复画笔工具】可以快速移去照片中的污点和其他不理想部分。**【污点修复画笔工**

具】的工作方式与【修复画笔工具】类似，它使用图像或图案中的样本像素进行绘画，并将样本像素的纹理、光照、透明度和阴影与所修复的像素相匹配。与【修复画笔工具】不同，【污点修复画笔工具】不要求用户指定样本点。【污点修复画笔工具】将自动从所修饰区域的周围取样。

在污点修复画笔工具选项栏中可以通过修改选项来调整画笔，如图5-47所示。

图5—47

在工具选项栏中选择一种画笔大小。比要修复的区域稍大一点的画笔最为适合，这样，只需单击一次即可覆盖整个区域。

从工具选项栏的【模式】下拉列表框中选择混合模式。选择【替换】选项可以在使用柔边画笔时，保留画笔描边的边缘处的杂色、胶片颗粒和纹理。

在工具选项栏中还可以选择一种【类型】选项来修改污点修复画笔工具。

【近似匹配】：使用选区边缘周围的像素，找到要用做修补的区域。

【创建纹理】：使用选区中的像素创建纹理。如果纹理不起作用，尝试再次拖过该区域。

【内容识别】：比较附近的图像内容，不留痕迹地填充选区，同时保留让图像栩栩如生的关键细节，如阴影和对象边缘。

使用【污点修复画笔工具】来修改图像的局部内容，效果如图5-48所示。

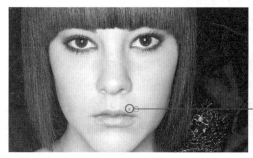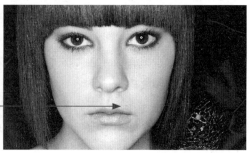

图5—48

5.6.5 修补工具与红眼工具

【修补工具】可以用其他区域或图案中的像素来修复选中的区域。像【修复画笔工具】一样，【修补工具】会将样本像素的纹理、光照和阴影与源像素进行匹配。还可以使用【修补工具】来仿制图像的隔离区域。【修补工具】可处理 8 位/通道或 16 位/通道的图像。

【红眼工具】可以去除人物或动物的闪光照片中的红眼。在红眼工具选项栏中，【瞳孔大小】可以增大或减小受红眼工具影响的区域。【变暗量】用来设置校正的暗度。

5.6.6 减淡工具与加深工具

【减淡工具】和【加深工具】是基于用来调节照片特定区域的曝光度的传统摄影技术，可用于使图像区域变亮或变暗。摄影师可遮挡光线以使照片中的某个区域变亮（减淡），或增加曝光度以使照片中的某些区域变暗（加深）。用【减淡工具】或【加深工具】在某个区域上方绘制的次数越多，该区域就会变得越亮或越暗。

在工具选项栏中，可以通过【范围】下拉列表框来确定要修改的区域。【中间调】用于更改灰色的中间范围；【阴影】更改暗区域；【高光】更改亮区域。

如图5-49所示为使用【减淡工具】和【加深工具】修改图像的效果。

原图　　　　　　　　　加深工具　　　　　　　　　减淡工具

图5-49

5.6.7 模糊工具与锐化工具

【模糊工具】可柔化硬边缘或减少图像中的细节。使用此工具在某个区域上方绘制的次数越多，该区域就越模糊。

【锐化工具】用于增加边缘的对比度以增强外观上的锐化程度。使用此工具在某个区域上方绘制的次数越多，增强的锐化效果就越明显。

如图5-50所示为模糊与锐化的效果。

原图　　　　　　　　　锐化工具　　　　　　　　　模糊工具

图5-50

5.6.8 涂抹工具与海绵工具

【涂抹工具】用于模拟将手指拖过湿油漆时所看到的效果。该工具可拾取描边开始位置的颜色，并沿拖动的方向展开这种颜色，效果如图5-51所示。

【海绵工具】用于修改图像的颜色饱和度，效果如图5-52所示。

原图　　　　　　　　涂抹后

图5-51

原图 提高饱和度 降低饱和度

图5—52

5.6.9 / 实战案例——人物面部修图

01 启动Photoshop CS6，执行【文件】>【打开】命令，打开图像素材"人物修图.jpg"，如图5-53所示。

02 选择"背景"图层，按住鼠标左键拖曳到【图层】面板的【创建新图层】按钮上，创建一个副本图层，如图5-54所示。

03 选择工具箱中的【污点画笔修复工具】，在工具选项栏中设置【类型】为"近似匹配"，在图像中人物的面部部分单击鼠标左键去除面部和背部的小疙瘩，效果如图 5-55 所示。

图5—53 图5—54 图5—55

04 选择工具箱中的【套索工具】，在人物的面部创建一个选区，如图 5-56 所示；执行【选择】>【修改】>【羽化】命令，设置选区的羽化数值，单击【确定】按钮，如图 5-57 所示。

图5—56 图5—57

05 执行【滤镜】>【模糊】>【高斯模糊】命令，弹出的【高斯模糊】对话框，设置参数如图5-58所示，单击【确定】按钮，效果如图5-59所示。

06 执行【滤镜】>【锐化】>【USM锐化】命令，弹出的【USM锐化】对话框，设置参数如图5-60所示，单击【确定】按钮，效果如图5-61所示。

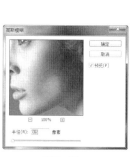

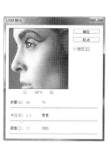

图5-58　　　　　　　　图5-59　　　　　　　　图5-60　　　　　　　　图5-61

07 执行【文件】>【保存】命令，在弹出的【保存】对话框中将文件保存为jpg文件。

5.7　图像擦除工具

图像擦除工具用于擦除图像，包含【橡皮擦工具】、【背景橡皮擦工具】、【魔术橡皮擦工具】，它们都具有各自不同的用途。

5.7.1 / 橡皮擦工具

【橡皮擦工具】用于擦除图像，可将像素更改为背景色或透明。如果正在背景中或已锁定透明度的图层中工作，像素将更改为背景色；否则，像素将被抹成透明。

在橡皮擦工具选项栏中，可以将【模式】设置为【画笔】、【铅笔】和【块】模式。【画笔】和【铅笔】模式可将橡皮擦设置为像画笔和铅笔工具一样工作。【块】模式指具有硬边缘和固定大小的方形，并且不提供用于更改不透明度或流量的选项。

【不透明度】和【流量】选项是设置擦除图像的程度。

如图5-62所示为使用【橡皮擦工具】擦除图像的效果。

图5-62

5.7.2 / 魔术橡皮擦工具

使用【魔术橡皮擦工具】在图层中单击时，该工具会将所有相似的像素更改为透明。如果在已锁定透明度的图层中工作，这些像素将更改为背景色。如果在背景中单击，则将背景转换为图层并将所有相似的像素更改为透明。可以选择在当前图层上，是只抹除邻近的像素，还是要抹除所有相似的像素，效果如图5-63所示。

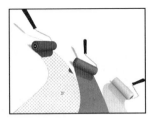

图5—63

5.7.3 背景橡皮擦工具

　　【背景橡皮擦工具】可在拖动时将图层上的像素抹成透明，从而可以在抹除背景的同时在前景中保留对象的边缘。通过指定不同的取样和容差选项，可以控制透明度的范围和边界的锐化程度。如图5-64所示为【背景橡皮擦工具】擦除图像的效果。

图5—64

5.8 综合案例——制作化妆品广告

学习目的

　　本案例在"化妆品广告"的制作过程中，通过"线形效果"及"动态效果"两种设置方式，体验画笔的形态变化，为大家提供一点画笔应用的思路。

重点难点

1. 结合【自由变换】工具及【动感模糊】命令制作画笔的线形动态效果。

2. 通过【窗口】>【画笔】命令中的各项设置得到画笔的动态变化效果。

3. 笔尖形状、大小、硬度等对最终的画笔效果起着重要的影响。

　　化妆品广告设计是我们常设计到的题材，本案例将带领大家利用画笔等基本元素丰富、活跃版面，在对称中寻找变化，在对比中求得协调，从中体验设计的快乐。

操作步骤

1.新建文档

　　打开Photoshop CS6软件，执行【文件】>【新建】命令，在弹出的【新建】对话框中设置【名称】为"化妆品广告"，【宽度】为"4.5厘米"，【高度】为"6.5厘米"，【分辨率】为"300像素/英寸"，【颜色模式】为"RGB颜色"，【背景内容】为"白色"，如图5-65所示，设置完成后单击【确定】按钮。

2.填充背景色

（1）单击【工具箱】下方的前景色图标，打开【拾色器(前景色)】对话框，设置下方的【#】选项值为"aa94aa"，如图5-66所示，单击【确定】按钮。

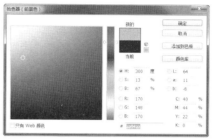

图5—65　　　　　　　　　　图5—66

（2）按【Alt+delete】组合键填充背景色为灰紫色。

3. 贴入人物1

（1）执行【文件】>【打开】命令，弹出【打开】对话框，单击【查找范围】右侧的下三角按钮，打开"素材/第5章/人物1.psd"文件，单击【打开】按钮，如图5-67所示。

（2）用鼠标左键单击【图层】面板中的"图层1"图层，使其处于激活状态，如图5-68所示。

（3）按住鼠标左键将其拖曳到"化妆品广告"画布中，松开鼠标左键，会在该文档中自动建立"图层1"图层，如图5-69、5-70所示。

图5—67　　　　　图5—68　　　　　图5—69　　　　　图5—70

（4）用鼠标左键双击"图层1"文字部分，将人物1所在的图层重命名为"右脸"图层，如图5-71所示。

（5）按【Ctrl（Windows）/Command+T】组合键显示自由变换定界框，将图像大小、位置调整至如图5-72所示，按【Enter】键确认。

图5—71　　　　　图5—72

4. 贴入人物2

（1）打开"素材/第5章/人物2.psd"文件，用贴入人物1的方法将人物2贴入到"化妆品广告"文档中，会自动建立"图层2"图层，将其重命名为"左脸"，如图5-73所示。按【Ctrl（Windows）/Command+T】组合键显示自由变换定界框，将图像大小、位置调整至如图5-74所示，按【Enter】键确认。

（2）执行【图像】>【调整】>【去色】命令，在【图层】面板中设置【不透明度】为"50%"，如图5-75、5-76所示。

图5-73   图5-74   图5-75   图5-76

5．添加画笔效果

（1）在"背景"图层上新建一个"图层1"图层，选择【画笔工具】，单击工具选项栏中的【画笔预设管理器】面板，设置【大小】为"6像素"、【硬度】为"100%"、【画笔笔尖形状】为"硬边圆"，如图5-77、5-78所示。

（2）在"图层1"图层的左上方单击一下鼠标左键得到一个圆点，如图5-79所示。重复上述方法依次再画五个大小不同的圆点，如图5-80所示。

 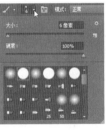  

图5-77   图5-78   图5-79   图5-80

（3）按【Ctrl（Windows）/Command+T】组合键显示自由变换定界框，将圆点进行纵向拉伸，如图5-81所示。

（4）执行【滤镜】>【模糊】>【动感模糊】命令，弹出【动感模糊】对话框，设置【角度】为"-90度"，【距离】为"600像素"，单击【确定】按钮，如图5-82、5-83所示。

 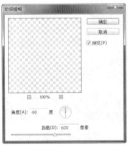 

图5-81   图5-82   图5-83

（5）复制"图层1"图层为"图层1副本"图层，将该图层置于顶层，用【移动工具】将线条移动到画面的右方,并按【Ctrl(Windows)/Command+T】组合键显示自由变换定界框,将线条纵向拉伸,如图5-84、5-85所示。

图5-84　　　　　　　　图5-85

6. 添加动态画笔效果

(1)在"图层1副本"图层上新建一个"图层2"图层,如图5-86所示。

(2)选择【画笔工具】,执行【窗口】>【画笔】命令,弹出【画笔】对话框,设置【画笔笔尖形状】为"柔角",【大小】为"20像素",【间距】为"130%",其他选项为默认值。勾选【形状动态】选项,设置【控制】为"渐隐"、"20",其他选项为默认值,如图5-87、5-88所示。

图5-86　　　　　　　　图5-87　　　　　　　　图5-88

(3)按鼠标左键在人物头顶中线处绘制一条圆点曲线,如图5-89所示。

(4)重复上述方法,只将【形状动态】选项中的【控制】设置为"渐隐"、"10",按鼠标左键在人物手腕处绘制一条圆点曲线,如图5-90、5-91所示。

图5-89　　　　　　　　图5-90　　　　　　　　图5-91

7．贴入化妆品

打开"素材/第5章/化妆品.psd"文件，选择"图层1"图层，用【移动工具】将其拖动到"化妆品广告"文档中，会自动建立"图层3"图层，将其重命名为"化妆品"，如图5-92所示。按【Ctrl（Windows）/Command+T】组合键显示自由变换定界框，将图像大小、位置调整至如图5-93所示，按【Enter】键确认。

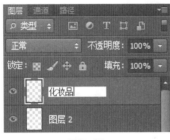

图5-92　　　　　　　　图5-93

8．输入文字

（1）选择工具箱中的【文字工具】，将【字体】、【字号】分别设置为"Blackadder ITC"和"48点"，输入大写字母"Z"，然后将【字号】改为"18点"，接着输入小写字母"aizhu"，自动建立"zaizhu"文字图层，如图5-94所示。用工具箱中的【移动工具】将文字移到如图5-95所示位置。

（2）复制"zaizhu"图层为"zaizhu副本"文字图层，如图5-96所示，执行【编辑】>【变换】>【旋转90度（顺时针）】命令。按【Ctrl（Windows）/Command+T】组合键显示自由变换定界框，将文字大小、位置调整至如图5-97所示，按【Enter】键确认。

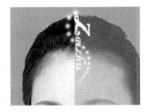

图5-94　　　　　图5-95　　　　　图5-96　　　　　图5-97

（3）选择工具箱中的【文字工具】，将【字体】、【字号】分别设置为"综艺体"和"8点"，输入汉字"润颜美白"，自动建立"润颜美白"文字图层，如图5-98所示。用工具箱中的【移动工具】将文字移到如图5-99所示位置。

图5-98　　　　　　　　图5-99

9．保存 文件

执行【文件】>【存储为】命令，弹出【存储】对话框，在此对话框中设置保存路径，然后单击【格式】下拉列表框右侧的下三角按钮，在展开的下拉菜单中选择"JPEG"选项，单击【保存】按钮。

【画笔工具】是Photoshop CS6中最常用到的工具之一，在实际工作中【画笔工具】常常用来编辑蒙版，但我们亦可用画笔来营造一些特殊的效果去丰富、活跃版面，这需要靠你去开发和尝试。

5.9 本章小结

本章主要讲解Photoshop的绘画与图片修饰工具及其使用方法，通过对绘画与图片修饰工具及其使用方法的讲解，可以让用户在修饰图像的过程中，能够很真实地模仿出绘画中的笔触，同时能够学会对日常生活中所拍摄的数码相片进行简单的修饰和调整及美化。

5.10 本章习题

1．将图5-100所示的图片中人物面部的眼角的皱纹和额头进行修复，使其看上去自然、平滑。

2．将图5-101所示的图片中人物面部的雀斑进行修复，并对人物的皮肤进行处理，使其看起来比较的光滑细腻。

图5-100

图5-101

第6章

色彩调整

Photoshop在图像调整方面的功能非常强大，Photoshop提供了大量的色彩和色调调整工具，可以用于处理日常拍摄的数码相片；还可以用来完成商业图片的颜色校对。本章将具体讲解Photoshop的色彩调整知识。

本章学习要点

- ➡ 掌握色彩理论知识
- ➡ 常用颜色模式的原理
- ➡ 色阶、曲线等常用色彩调节工具的应用

6.1 色彩知识

色彩是设计工作中一个非常重要的元素，Photoshop 为设计师提供了非常强大的色彩调节功能，使用色彩调节命令可以帮助设计师设计出更好的作品。设计师在工作的过程中不仅要掌握色彩调节命令的用法，还应该掌握最基本的颜色基础知识，这样才能更顺利地完成设计工作。

6.1.1 大脑和视觉中的颜色

颜色的形成是人的大脑对不同频率光波的感知。光波也是电磁波，太阳光中包含了从低频到高频的所有电磁波，频率越高的光波波长越短，频率越低波长越长，人眼只能看到380～780nm之间的光波，这段波长的光称为可见光，根据波长长短排序依次为红、橙、黄、绿、青、蓝、紫，如图6-1所示。

图6—1

颜色的形成是由3个因素共同作用的结果，人、物体和光源。光源（太阳光）发光照射到物体上，物体吸收部分光，其余的光反射到人眼里，人就对反射到眼里的光产生颜色的感觉。

科学研究表明，人眼的视网膜上分布着分别感应红、绿、蓝三色光的椎体细胞，此外还分布着在弱光环境下提供视觉的杆体细胞。当光线进入人眼刺激三色椎体细胞，椎体细胞收集的光信号被神经元转换为3组对抗信号，分别是亮-暗、黄-蓝、红-绿，如图6-2所示。人们在研究红绿蓝三原色的同时还发现红绿蓝三色光可以混合出大部分的色光，**红＋绿＝（黄）、红＋蓝＝洋红、蓝＋绿＝青、红＋绿＋蓝＝白，所以可以认为太阳光由红、绿、蓝三色叠加而成**，如图6-3所示。

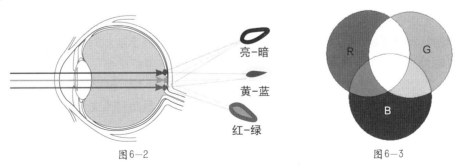

图6—2   图6—3

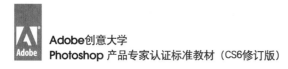

　　根据上面的内容可以知道，颜色是客观的，有光、有物体我们才能看到颜色；颜色也是主观的，因为对颜色的感受因人而异。人们将颜色分为无色和彩色，无色是从白色过渡到黑色的所有灰色，彩色是除了黑白灰之外的各种颜色。可以从3个方面来理解颜色，即色相、明度、饱和度，它们也是颜色的3个属性，如图6-4所示。色相也称为色调，是指各类颜色相貌的称谓，也是人对不同波长光产生的视觉感受，如红色、绿色、蓝色等，需要注意的是无色没有色相；饱和度是指颜色的纯度，也是指颜色鲜艳程度，某个颜色中纯度越高，包含其他的颜色就越少，颜色也越鲜艳；明度是指颜色的明暗程度，是指物体反射光的强度，同一物体在不同的光源下，较亮的光源比较暗的光源反射强度高，因此在同一光源下的不同物体，反射光比较多的比反射少的显得亮，如图6-5所示。

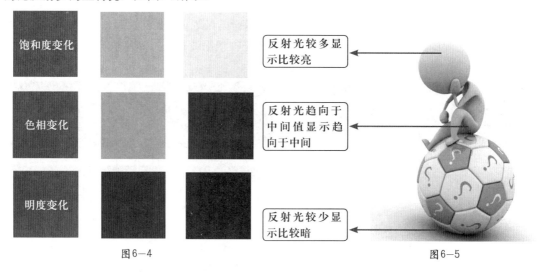

图6-4　　　　　　　　　　　　　　　　　　　　　　图6-5

6.1.2 计算机中的颜色

　　人们在描述颜色的时候通常只能模糊定义颜色，如蔚蓝的天空、碧绿的湖水等，为了更加精确地定义颜色，人们设计了多种描述颜色的颜色模型使颜色数据化，如RGB、CMYK、Lab颜色模型等，每种模型都有一个颜色范围，即形成了一个色彩空间（色域），在色彩空间中不同位置分别对应一个颜色。在计算机中使用某种颜色模型来定义颜色就是图像的颜色模式，如常用的RGB颜色模式、CMYK颜色模式、Lab颜色模式等。

　　Lab颜色模型是基于人类对颜色的感觉建立的模型，所有颜色在该模型中都有对应位置，因此该模型的色域是最大的。L表示明度即颜色明暗变化，a表示红绿对抗色，b表示黄蓝对抗色；L取值为0～100（纯黑-纯白）、a取值为+127～-128（洋红-绿）、b取值为+127～-128（黄-蓝），正为暖色，负为冷色，如图6-6所示。计算机中Lab颜色模式图像的通道拆分为明度通道、a通道、b通道，由于该模式将图像明暗与颜色拆分，因此利用该特点调整某些图像的颜色可以得到很好的效果，如图6-7所示。

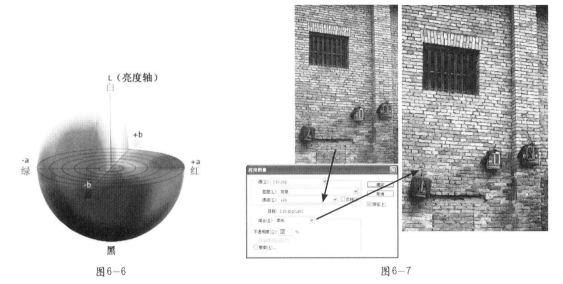

图6-6　　　　　　　　　　　　　　　　　　图6-7

　　RGB颜色模式是基于光源的混合叠加所产生的，色域比Lab的小，RGB分别表示红绿蓝三色，应用该模型的图像颜色模式称为RGB颜色模式，图像中的所有颜色都是由这3个颜色混合得到的，当增加这三色光的含量，图像的颜色会越来越亮，也将该颜色模式称为色光加色模式，R、G、B也称为色光的三原色，R、G、B三色的光取值都为0～255，共256个级别的数值，0表示黑色即没有光，255表示光强度最大即显示为白色。RGB颜色模式图像的通道拆分为红通道、绿通道和蓝通道。

　　将颜色模型横向剖开可以得到一个横截面，这个横截面称为色轮，在色轮中沿圆心旋转表示色相的变化，色轮的半径方向表示饱和度的变化，色轮的轴向表示明暗变化。红色在色轮中的0°（360°）位置，黄色为60°、绿色为120°，色轮中以原点对应的颜色称为相反色（互补色），如图6-8所示。

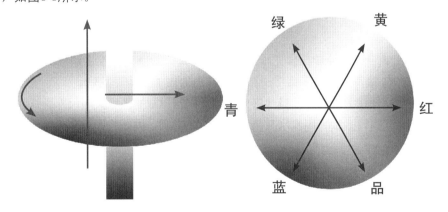

图6-8

　　CMYK颜色模型是基于印刷油墨合成效果建立的颜色模型，其色域比RGB色域小，应用该模型的图像颜色模式称为CMYK颜色模式，CMYK分别表示青、品（洋红）、黄、黑色，CMY称为色料三原色。图像中的所有颜色都是由这3种颜色混合得到，当逐渐增加这3种油墨墨量，油墨吸收的光也逐渐增多，反射的光变少，于是颜色也逐渐变暗，也将此模式称为色料减色模式。

理论上当3种油墨最大时显示为黑色，但是由于油墨纯度等因素，只能得到棕褐色，因此为了得到更好的印刷效果，在CMY的基础上添加了黑色，如图6-9所示。CMYK颜色模式图像的通道拆分为青通道、洋红通道、黄通道和黑通道，该颜色模式取值范围为0~100，数值越大，表示墨量越多，颜色越多，如图6-10所示。

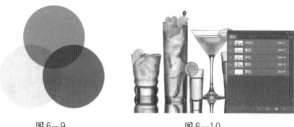

图6-9   图6-10

6.1.3 / 颜色模式

在【图像】>【模式】子菜单中有多个颜色模式可以选择，在文档标题栏上会显示图像当前使用的颜色模式，根据用户需要可以转换图像颜色模式，只有灰度模式的图像才能直接转换为"双色调"和"位图"模式。

RGB模式的图像主要用于在显示设备中显示，如计算机显示器、数码相机、电视等设备；CMYK模式用于印刷，计算机显示器显示该模式的图像仅仅是模拟印刷效果，显示效果与印刷效果会有差别，因此在调整用于印刷的图像颜色时，要考虑到它们之间的差异；Lab模式色域最大，因此使用该模式的图像颜色最丰富，Lab模式也是转换的中转模式，如RGB模式与CMYK模式图像互相转换的时候，都是先转为Lab模式，但是这个转换过程用户察觉不到。

> **小知识**
>
> RGB模式和CMYK模式的转换会造成颜色损失，因此在处理图像时，应该尽量避免多次转换颜色模式。

灰度模式的图像可以直接转成位图模式，位图模式的图像只有黑白两色，没有中间的灰色，因此位图模式也常常用于印刷品中一些颜色单一的图像，如企业Logo、毛笔字等。以网站下载的一张毛笔字图像为例对位图模式进行讲解，网站下载的图像文档尺寸通常较小，如果用钢笔抠选工作量太大，直接将图像尺寸放大则图像会发虚，因此将图像模式转换为位图模式是比较好的方法。

将图像转成位图模式时，在弹出的对话框中按图6-11所示进行设置，设置完后图像的尺寸虽然被强行放大，但是边缘依然是清晰的，这样就相对地保证了图像的质量，如图6-12所示。

   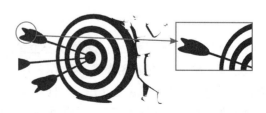

图6-11   图6-12

在【位图】对话框中的【输出】参数栏中设置的分辨率越高，图像的尺寸会越大，图像的质量也越差，因此如果原图的尺寸太小，此方法也不适用。具体的参数设置应该根据需要进行设置，可以选择在1200~2400ppi之间。

在【位图】对话框中的【方法】下拉列表框中，【50%阈值】表示以50%灰色为界，较亮的灰色变成白色，较暗的变为黑色；【图案仿色】是可以得到黑白相间的图案效果；【扩散仿色】可产生颗粒状效果；【半调网屏】可以产生印刷挂网网点的效果；【自定图案】可以用设置的图案来填充黑白色，如图6-13所示。

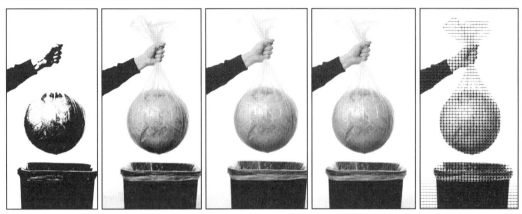

图6—13

双色调模式由灰度模式直接转换得到，该模式常用于印刷，其中包含了"单色调"、"双色调"、"三色调"和"四色调"4种类型，该模式可以得到几种油墨混合叠加的效果，如图6-14所示。

【双色调选项】对话框中的【类型】下拉列表框可以用来设置油墨的种类，如选择【双色调】，下方的两个油墨被激活，然后可以根据需要设置该油墨。

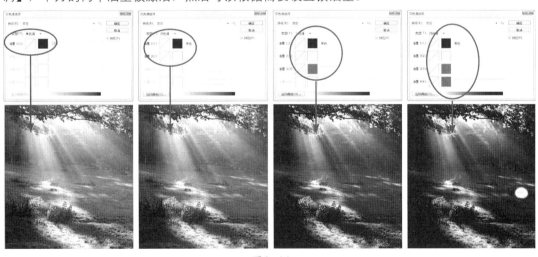

图6—14

索引模式的图像通常用于网络显示，如制作网页时可将图像转换为该模式。索引模式最多

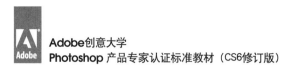

只有256种颜色，颜色的种类很少则文档体积很小，很适合网络传播，并且该模式的图像还可制作成动画，因此网页中的图像常常使用该模式，如图6-15所示。

图6—15

多通道模式用于印刷，当将图像从其他模式转为该模式时，图像文档将根据原模式的通道转换成一个或者多个专色通道，如图6-16所示。

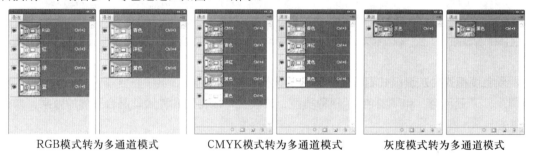

RGB模式转为多通道模式　　　CMYK模式转为多通道模式　　　灰度模式转为多通道模式

图6—16

6.2 图像颜色的调整

Photoshop中提供了很多命令用于色彩调整，如色阶、曲线、色相饱和度等，合理使用这些命令可以使图像的颜色更符合设计要求。

6.2.1 图像质量三要素

图像的质量，尤其是用于印刷的图像质量，评判主要从3个方面入手，层次、清晰度和颜色，正确地判断和处理图像的这3个要素，才能精确地控制图像的质量，印刷是一种精细的色彩还原过程，只有前期图像的质量达到印刷要求，才能得到高质量的印刷品。

1. 图像的层次

图像的层次是指图像从明到暗的灰度级别，图像的层次越丰富，其细节越多，质量也就越高。图像获取设备是层次多少的决定因素，层次无法使用软件后天获取，如专业数码相机比普通相机获取的层次更多，高端扫描仪比低端扫描仪获取的层次更多；当然图像的获取过程中，操作人员的专业技能也会影响到层次获取的多少，如图6-17所示。

任何对图像颜色的调整，都会或多或少地破坏原图的层次，在调整的时候注意观察图像的层次变化，尤其是图像的暗调区域和亮调区域的层次，尽可能保留图像的原始层次，如图6-18所示。

图6-17　　　　　　　　　　　　　　　　　　　　图6-18

2．图像的清晰度

图像的清晰度是指图像的清晰、模糊程度，即图像的边缘与背景环境分界是否明显，使用Photoshop可以有效改善图像的清晰度，调整清晰度的过程也会造成图像层次损失，如图6-19所示。

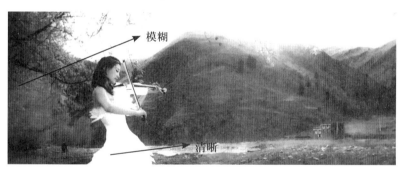

图6-19

调整图像的清晰度有3种方法。

（1）直接锐化法

保持图像的原始颜色模式，使用锐化滤镜直接对图像进行锐化处理，如使用【USM锐化】滤镜处理图像，如图6-20所示。

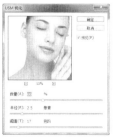

图6-20

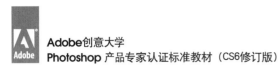
（2）锐化明度通道法

将图像的颜色模式转成Lab模式，然后选中明度通道，再使用【USM锐化】滤镜将明度通道锐化，最后将颜色模式转换为需要的模式即可，如图6-21所示。由于锐化的只是图像的色阶，没有破坏原图的颜色，因此该方法得到的锐化效果较好。

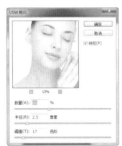

图6—21

（3）图层叠加法

将图像复制一个同样的图层，按【Ctrl（Windows）/Command（Mac OS）+Shift+U】组合键将其去色，然后使用【高反差保留】滤镜处理图像，最后将图层混合模式设置为【叠加】，如图6-22所示。如果锐化效果不明显，可以将"叠加"图层多复制几个，如果对锐化效果不满意可以直接将"叠加"图层删除，这种方法没有破坏原始图像，图像处理更加便捷，因此该方法是图像锐化最好的方法。

图6—22

3．图像的颜色

使用Photoshop可以任意修改图像的颜色，设计师根据个人喜好，根据客户要求，合理地使用调整命令来编辑图像颜色，如图6-23所示。

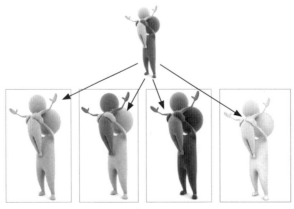

图6—23

6.2.2 / 颜色调整命令

在【图像】>【调整】子菜单中有5组色彩调整命令，它们都能对图像的颜色进行编辑，最常用到的是【色阶】、【曲线】和【色相/饱和度】命令，调整图像的颜色主要是对图像的影调和色彩进行调整，影调也称为阶调或者色阶，是指图像从亮到暗的明暗变化；色彩即图像的色相。

1．亮度/对比度

【亮度/对比度】命令可以调整图像的明暗变化和明暗对比，在【亮度/对比度】对话框中如果选中【使用旧版】复选框并将【亮度】滑块向右拖动到最大，图像的高光、暗调和中间调都会变亮；如果取消选中该复选框，图像变亮主要是在中间调区域，如图6-24所示。

图6-24

在【亮度/对比度】对话框中的对比度可以调整图像的明暗对比，如果选中【使用旧版】复选框并将【对比度】滑块向右拖动到最大，图像的高光、暗调和中间调都会增加对比度；如果取消选中该复选框，图像增加对比度主要是在中间调区域，如图6-25所示。

图6-25

2．色阶

【色阶】命令是最常用的颜色调整命令，通过【色阶】命令可以调整图像的色调和色彩，执行【图像】>【调整】>【色阶】命令，弹出【色阶】对话框，在【色阶】对话框中通过拖动输入和输出滑块来调整图像颜色，通过对话框中的直方图来查看图像像素的色阶分布，如图6-26所示。

图像的色阶即阶调大致包含3个区域，即暗调（黑场）、中间调（灰场）、亮调（白场）。这3个区域根据图像明暗特点分布不均，如比较暗的图像则暗调的区域比较多，比较亮的图像亮调区域比较多，并且这3个区域没有非常明显的分界线，只能有一个大概的区域，如图6-27所示。

图6-26   图6-27

在【色阶】对话框中有一个表示像素色阶分布的图称为"直方图"，在直方图中横轴表示从暗到亮的色阶分布，纵轴表示像素从0到最大的数量，如图6-28所示。

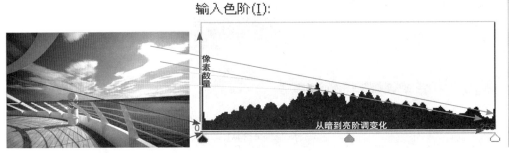

图6-28

下面通过展示一些典型的直方图以更深刻地认识直方图。拍摄过数码相片的人都知道，有时候感觉拍摄得到的图像显得灰蒙蒙的，通过直方图可以看到照片的暗调和亮调缺少像素，所有的像素都集中在中间调区域，因此图像看起来就有灰蒙蒙的感觉，如图6-29所示。

图6-29

较暗图像的直方图其像素主要集中在暗调区域，中间调和亮调区域像素较少，因此图像看起来较暗，如图6-30所示。

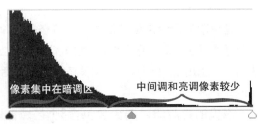

图6-30

较亮图像的直方图其像素主要集中在亮调区域，中间调和暗调区域像素较少，因此图像看起来较亮，如图6-31所示。

图6-31

对比强烈的图像的直方图为暗调和亮调区域像素较多，而中间调像素很少或者没有，因此图像看起来反差较大，如图6-32所示。

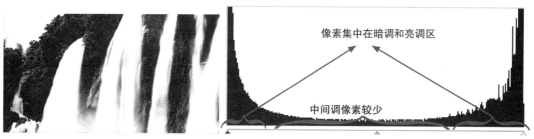

图6-32

在【色阶】对话框中，在【预设】下拉列表框中可以选择内置的一些选项，不需要再去设置色阶的参数而直接得到效果；在【通道】下拉列表框中可以选择该图像的复合通道，也可以选择单独的原色通道，选择复合通道是调整图像的阶调，选择单独的原色通道是调整图像的色彩，如图6-33所示。

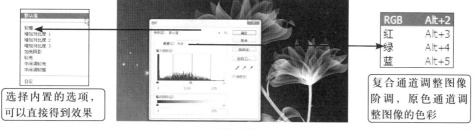

图6-33

【色阶】对话框中的【输入色阶】有3个滑块，分别用于控制图像的暗调、中间调和亮调。将控制暗调的黑色滑块向左拖动，可以看到图像变暗，当将黑色滑块拖到某个色阶，这个色阶上的像素都变为黑色，比这个色阶暗的像素也变为黑色，图像的黑色像素增多，因此图像变暗，如图6-34所示。

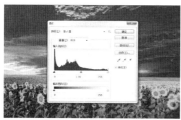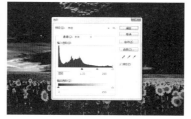

图6-34

当将控制亮调的白色滑块拖到某个色阶，这个色阶上的像素都变为白色，比这个色阶亮的像素也变为白色，图像的白色像素增多，因此图像变亮，如图6-35所示。

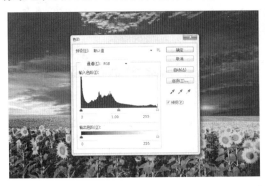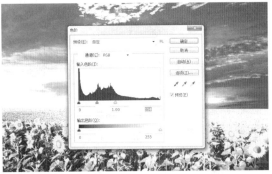

图6—35

当将控制中间调的灰色滑块向左拖到某个色阶，这个色阶上原来较暗的像素都变为中间灰，因此图像变亮；将灰色滑块向右拖动，则图像变暗，如图6-36所示。

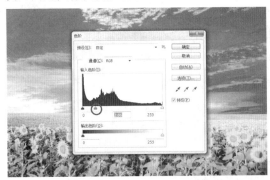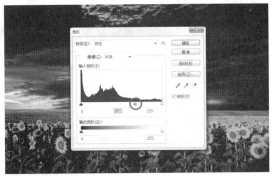

图6—36

当向右拖动【输出色阶】的黑色滑块到某个色阶，表示图像中原来处于暗调的黑色像素变为该色阶，图像将没有最黑的像素，因此图像变亮，如图6-37所示；向左拖动白色滑块，则图像变暗，如图6-38所示。

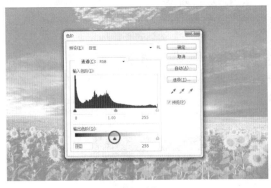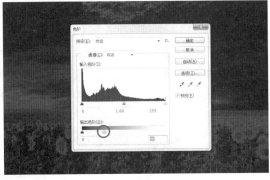

图6—37   图6—38

在【色阶】对话框中分布着3个吸管，黑色吸管是用于定义图像的黑场，选中该吸管在图像中某个像素上单击，该像素将被设置为图像最黑的黑场，如图6-39所示；白色吸管是用于确定图像的白场；灰色吸管用于确定图像的中性灰。

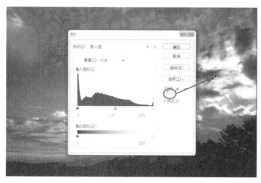 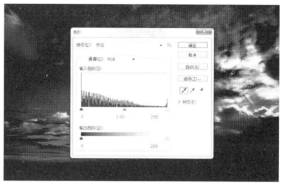

图6-39

中性灰是调整图像偏色的重要依据，人们发现当等量的RGB色光射入人眼的时候，人眼感觉到的是灰色，因此将除了黑色和白色，RGB等值的灰色都称为中性灰。想象一下当图像中有一个灰色的物体（如石头），本该是灰色的即RGB等值，由于拍摄问题该物体RGB不等值，呈现为其他的颜色，只需要将该物体的色值恢复RGB等值即可将整个图像的色偏纠正。

【色阶】对话框中的灰色吸管即是用来设置中性灰的，当使用该吸管吸取图像中某个像素，该像素将被强制RGB等值，如果找到的像素本该是灰色的，则图像可以纠正色偏，如果寻找不当，图像将被引入色偏，如图6-40所示。

 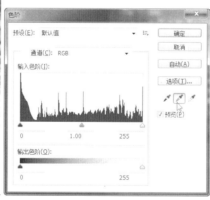 

图6-40

需要提醒的是中性灰只是作为纠正偏色的依据，明白其原理即可，不可教条地使用，如图像中的某个物体为灰色，但由于受环境光的影响，并不是该物体所有像素都是灰色；又如图像中没有灰色的物体，因此在图像中无法找到设置中性灰的像素。

通过灰色吸管知道吸管有纠正和引入偏色的功能，因此黑色和白色吸管也有此功能。

3. 曲线

【曲线】命令与【色阶】命令作用相似，可以看为【色阶】命令的升级版本，【曲线】命令可以更加精确地控制图像，其操作也比色阶复杂得多，按【Ctrl（Windows）/Command（Mac OS）+M】组合键，弹出【曲线】对话框，曲线中也有【输入】和【输出】选项，横轴为输入色阶即改变前的阶调，纵轴为输出色阶即改变后的阶调，坐标区的对角线是用于控制图

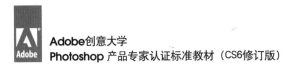
像颜色的曲线，如图6-41所示。

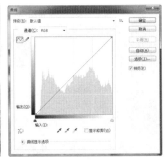

图6—41

曲线与色阶是两个基本用法一样的命令，其中的很多设置几乎是一样的：如【曲线】命令中的【预设】和【通道】下拉列表框中的选项与【色阶】命令一样；这两个命令的输入色阶与输出色阶也相似，只不过色阶将这两个色阶并列排列，而曲线将它们以横纵坐标排列；曲线中的吸管工具与色阶的用法一样。

在【曲线】命令的曲线中可以建立16个控制点来调整图像，这远远比【色阶】命令的控制点多得多，因此曲线控制的精度更高。单击曲线在其上建立一个控制点，将控制点向上拖动，由于控制点被调整为更亮的色阶，因此图像变亮，如图6-42所示；要使图像变暗则将控制点向下拖动。

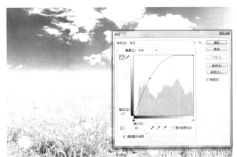

图6—42

将光标移动到图像较暗的像素上，按住【Ctrl（Windows）/Command（Mac OS）】键并单击，在曲线上的暗调区建立一个控制点，同样的方法在亮调区建立一个控制点，将暗调区控制点向下拖动，亮调区控制点向上拖动，由于亮调控制点变得更亮，暗调控制点变得更暗，因此图像呈现反差加大的效果，如图6-43所示。

图6—43

在曲线上建立3个以上的控制点，将曲线调整为波浪形，可以得到色调分离的效果，这种效果常用于制作图像的一些特效，如制作液态金属的效果、制作水晶的效果等，如图6-44所示。

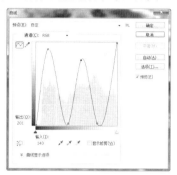

图6—44

【曲线】对话框中还包含着多个不常用的选项。选中对话框中铅笔图标✐，可以手绘曲线，图像颜色会根据绘制的曲线发生变化，单击平滑图标∿，可以将绘制的曲线转换为带控制点的曲线，如图6-45所示。

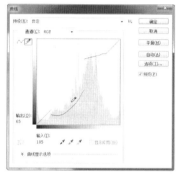

图6—45

4．色相／饱和度

【色相／饱和度】命令是基于颜色的3个属性建立起来的颜色调整命令，向左拖动【饱和度】滑块可以降低图像的饱和度，向右拖动滑块可以提高颜色的纯度即提高饱和度，如图6-46所示。向左拖动【明度】滑块可以降低图像的亮度，向右拖动滑块可以提高图像的亮度，如图6-47所示。

图6—46

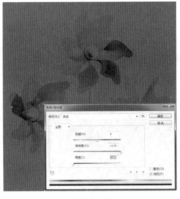

图6—47

【色相】是依据色轮关系来替换颜色，因此色相中的数值框表示的是角度，如向右拖动
【色相】滑块到"70"，表示色轮旋转70°。旋转之后的颜色将替换掉原来的颜色，如图6-48
所示。

图6—48

在【色相/饱和度】对话框中选中【着色】复选框，可以使用一种颜色来替换图像中的所
有颜色，如图6-49所示。

图6—49

选择【全图】选项，可以针对图像中的所有颜色，也可以选择下拉列表框中的某一种颜色，如选择【红色】选项，在色轮条上会出现颜色范围图标，表示颜色替换的作用区，如图6-50所示。

方形图标与梯形图标之间的区域表示颜色不完全替换，靠近方形图标替换的多，靠近梯形图标替换的少

方形图标间的区域表示完全替换，上面的颜色完全被下面的颜色替换掉

图6-50

5．自然饱和度

【自然饱和度】命令可以很好地控制图像的饱和度变化。在【自然饱和度】对话框中，【自然饱和度】滑块对不饱和的颜色作用明显，越饱和的颜色变化越小，因此调整图像的饱和度时不会出现色斑，如图6-51所示。

图6-51

【自然饱和度】命令中的【饱和度】滑块与【色相/饱和度】命令的作用相同，都能对全图进行饱和度调整，但是【自然饱和度】命令中的【饱和度】滑块对图像饱和度的改变相对较小，如图6-52所示。

图6-52

6．色彩平衡

【色彩平衡】命令是依据色彩的平衡关系来调整图像的颜色，所谓色彩的平衡关系是指将颜色正常的图像定义为图像的颜色是平衡的，当图像发生了色偏也就是图像的颜色变为不平衡。当图像的颜色不平衡的时候如图像偏红色，可以通过降低本色或者增加其相反色使图像的颜色重新恢复平衡，这样图像的颜色显示正常。

在【色彩平衡】对话框中有3组相反色控制杆，通过拖动其上的滑块来使图像的颜色达到平衡，达到调整图像的色偏的目的，它们分别是青色-红色、洋红-绿色、黄色-蓝色，在【色彩平衡】对话框下方陈列着3个色调平衡选项，它们分别可以针对图像的亮调、中间调和暗调的色偏进行调整，如图6-53所示。

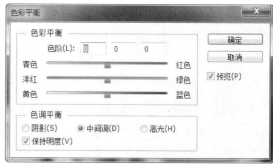

图6-53

使用【色彩平衡】命令纠正图像的偏色，先要判断图像是否偏色，偏何种颜色，如图6-54所示，根据中性灰原理图像中本该是灰色的路面，此时由于红色偏小，所以图像偏青色，路面处于中间调区域，因此使用【色彩平衡】命令增加中间调的红色，并适当减少绿色和蓝色，调整色值为RGB等值，即可完成校正偏色，如图6-55所示。

图6-54　　　　　　　　　　　　　　　　　图6-55

7．去色和黑白

【去色】和【黑白】命令都可以在保持原有的颜色模式下，将彩色图像转换为灰色图像，在转换过程中，RGB图像【去色】命令会根据一个特定的比例来进行转换，**其比例为30％R+59％G+11％B**，去色转换的效果与【色相/饱和度】命令产生的灰色图像效果一致。相对于【去色】命令，【黑白】命令则要复杂得多，【黑白】命令可以自行设定各颜色的比例来转换，可以选择的颜色是色光三原色和色料三原色共6个颜色，每个颜色都可以在-200%～300%之间选择一个参数来设置颜色的比例，数值越大则得到的灰色越亮，如图6-56所示。

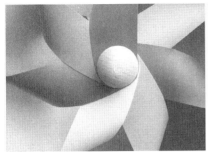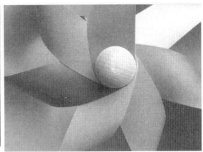

图6—56

可以通过选中【色调】复选框来为灰色图像着色，在【色相】中选择颜色，在【饱和度】中设置该颜色的饱和度，如图6-57所示。

图6—57

8．通道混合器

【通道混合器】命令使用图像中现有（源）颜色通道的混合来修改目标（输出）颜色通道，图片的通道变化决定了颜色的变化，因此通道被改变颜色也随之改变，如图6-58所示w为红色通道的变化。

在"源通道"中加工原色通道，然后应用到红色通道

图6—58

要理解通道混合器的作用效果，一定要深刻理解通道和颜色的基本常识。【通道混合器】对话框中的【源通道】相当于一个加工场所，将图像的原色通道按设置的参数进行加工，并替换【输出通道】中的通道，【源通道】的参数取值在-200～200之间，"0"表示不输出该通道，"100%"表示完全输出，"200%"表示输出2倍的通道，"-100%"表示输出负值的通道，"-200%"表示输出两倍负值的通道。

下面用一些简单的颜色来进一步理解通道混合器的作用效果，在 RGB 模式下的图像中设置 5 个颜色，分别是黑、白、红、绿、蓝，然后分别设置【源通道】参数观察变化，如图 6-59 所示。

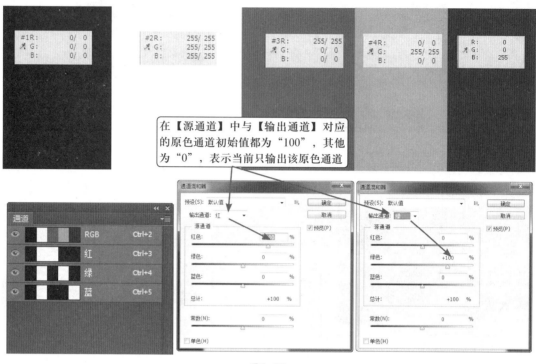

图6-59

【输出通道】选择【红】，将【绿色】设置为"-100"，白色变为青色，其他颜色未发生改变，为了便于描述将4个色块分别命名，如图6-60所示。

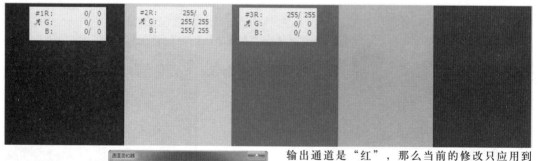

输出通道是"红"，那么当前的修改只应用到红色通道中，"100"的红色表示该通道正常输出，"-100"的绿色表示100的红通道减去100的绿色通道："色块1"黑色减去黑色还是黑色（即0-0=0）；"色块2"是白色减去白色得黑色（即255-255=0），因此原来的白色由于红色通道变为黑色，即缺少了红色，因此图像显示为其相反色青色；"色块3"白色减去黑色为白色颜色不变（即255-0=255）；"色块4"黑色减去白色依然为黑色（即0-255=-255），颜色不变

图6-60

【输出通道】选择【绿】，将【红色】设置为"100"，将【绿色】设置为"100"，图像发生变化，如图6-61所示。

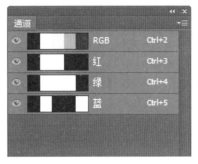

输出通道是"绿"，那么当前的修改只应用到绿色通道中，"100"的红色表示该通道正常输出，"-100"的绿色表示100的红通道减去100的绿通道："色块1"（0-0=0）变为黑色；"色块2"（255-255=0）变为洋红；"色块3"（255-0=255）变为黄色；"色块4"（0-255=-255），颜色变为黑色

图6-61

通道混合器还可以将彩色图像转成灰色，这个功能与【黑白】命令相似，选中【单色】复选框，【输出通道】变为【灰色】，表示源通道运算之后输出到灰色通道，此处的灰色通道表示原色通道，在【源通道】可以设置输出比例来控制该颜色的分量，如图6-62所示。

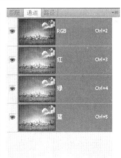

图6-62

9．色调分离和阈值

【色调分离】命令可以重新设置图像的阶调，并将颜色映射到最接近的色调上，如RGB模式的图像设置的色阶为"2"，即图像的阶调只有两个，图像的通道也只有黑白两个颜色，因此图像的颜色共有8个纯度最高的颜色，如图6-63所示；**阈值是指色阶的分界线**，【阈值】命令为图像设置一个阶调阈值参数，比阈值亮的颜色转成白色，比阈值暗的转为黑色，因此图像只呈现黑白两色，如图6-64所示。

图6—63

图6—64

10．渐变映射

【渐变映射】命令可以将设置的渐变色映射到色阶上，执行该命令后弹出【渐变映射】对话框，在色条上单击，弹出【渐变编辑器】对话框，在这个对话框中可以选择预设的某个渐变，也可以在渐变条上对渐变重新编辑。渐变条左侧的颜色将映射到图像的暗调（即暗调部分显示该颜色）；右侧的颜色映射到图像的亮调部分；中间的颜色将映射到图像中间调，如图6-65所示。

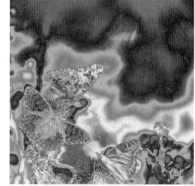

图6—65

11．可选颜色

【可选颜色】命令用于校正CMYK模式图像的颜色，但是RGB模式的图像也可以使用该命令，在【颜色】下拉列表框中可以从9种颜色中选择其中的一种，然后拖动下方的【青色】、【洋红】、【黄色】、【黑色】4个油墨滑块来调整在【颜色】下拉列表框中选择的颜色，正值表示添加油墨，负值表示减少油墨，【相对】单选按钮表示油墨改变的相对量，【绝对】单选按钮表示改变油墨的绝对量，【绝对】要比【相对】的改变量大，如图6-66所示。

图6—66

12．阴影／高光

【阴影／高光】命令可以很好地调整反差较大的图像，如逆光的人像图片等，【阴影／高光】对话框中使用【阴影】来提亮图像暗调部分，使用【高光】来压暗亮调部分。【数量】表示修改量，数值越大改变越大；【色调宽度】表示参与修改的色调范围，数值越大色调范围越大；【半径】是指发生变化像素的影响范围，数值越大参与改变的像素越多。【颜色校正】用于调整图像的饱和度和明度，数值越大图像颜色越饱和、越亮；【中间调对比度】可以在调整图像对比度时，将调整区域限定在中间调范围；【修剪黑色】和【修剪白色】是用于控制产生极值的数量，如图6-67所示。

图6-67

13．匹配颜色

【匹配颜色】命令可以方便地使两张图片颜色接近，在【匹配颜色】对话框的【源】下拉列表框中选择一张已经打开的匹配图，可以看到目标图像发生变化。【明亮度】用来调整目标图像的明暗度，【颜色强度】用来调整目标图像的饱和度，【渐隐】用来控制调整量，选中【中和】复选框可以用于调整图像偏色；在【源】下拉列表框中可以选择打开的图片作为匹配图，还可以选择该图像的某个图层，如图6-68所示。

图6-68

14．替换颜色

【替换颜色】命令相当于【色彩范围】命令和【色相／饱和度】命令的结合，在【选区】

中制作一个选区，然后在【替换】中调整色相、饱和度或者明度，如图6-69所示。

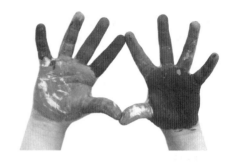

图6-69

15.去色、反相和色调均化

这3个命令对图像的作用简单明了，【去色】命令在保持原图的颜色模式下可以把图像彩色去除，而只保留图像的明暗变化，如图6-70所示；【反相】命令可以将图像的颜色反转，如黑、白反转，黄、蓝反转等，应用该命令图像呈现的是负片效果，如图6-71所示；【色调均化】命令可以重新分布图像像素的亮度值，使图像的阶调更加均匀地分布，如图6-72所示。

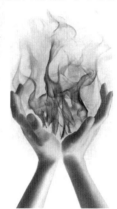

图6—70   图6—71   图6—72

6.2.3 实战案例——调整图像颜色

本案例通过将青绿苹果变为红色苹果的过程，让读者体验如何利用【磁性套索工具】为图像建立选区，如何利用【色相/饱和度】命令调整图像的颜色。

1.打开文档

执行【文件】>【打开】命令，弹出【打开】对话框，单击【查找范围】右侧的下三角按钮，打开"素材/第6章/苹果.JPG"文件，单击【打开】按钮，如图6-73所示。

图6-73

2.勾勒"苹果"轮廓

（1）选择工具箱中的【磁性套索工具】，工具选项栏的数值为默认值，在"苹果"的任意边缘处单击鼠标左键创建一个起始点，沿着苹果的边缘勾选出选区，如图6-74所示。

（2）沿着苹果的边缘处匀速移动鼠标时不断建立确认点，当终点与起点重合时，在起点处单击鼠标左键得到一个闭合的选区，如图6-75所示。

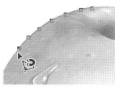 

图6-74　　　　　　　　图6-75

3.复制勾选的苹果

按【Ctrl+C】组合键进行复制，按【Ctrl+V】组合键进行粘贴，将选中的苹果复制并自动建立"图层1"图层，如图6-76所示。

图6-76

4．调整苹果的颜色

执行【图像】>【调整】>【色相/饱和度】命令，弹出【色相/饱和度】对话框，勾选右下角的【着色】选项，设置【色相】为"0"，【饱和度】为"80"，【明度】为"0"，单击【确定】按钮，如图6-77所示。

执行【文件】>【存储】命令，弹出的存储对话框中将图像命名为"红苹果"，保存为".JPEG"文件，如图6-78所示。

图6-77　　　　　　　　　　　　　　图6-78

6.3　应用调整图层

调整图层是将调整命令作为图层应用到调整图像颜色的工作中，调整图层是一种先进的调

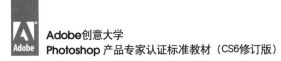
整方式，使用调整图层来调整图像可以保留图像的原始信息保留调整参数，并能创建蒙版来控制调整区域。

1．调用调整图层

调用调整图层的方法有两种，通过菜单建立调整图层和通过调板建立调整图层。菜单建立的方法：执行【图层】>【新建调整图层】子菜单中的调整命令，在弹出的对话框中单击【确定】按钮，即可调用调整图层，如图6-79所示。

图6-79

调板建立的方法：在【图层】调板中单击 ◯. 按钮，在弹出的下拉菜单中选择调整命令，此时在【图层】调板中会建立一个该命令的调整图层，并弹出该命令的设置对话框，在对话框中对参数进行设置即可，如图6-80所示。

图6-80

2．操作调整图层

调整图层建立在【图层】调板中，处于左侧的是调整命令缩略图，右侧是蒙版，双击调整命令缩略图可以调用该命令设置对话框，单击蒙版缩略图，然后可在蒙版中通过黑白灰来控制调整命令的作用区域。

作为图层的调整命令与其他图层操作方法一致，如将调整图层拖动到【图层】调板的【删除图层】按钮上，可删除该调整图层，同时可以恢复图像的原有状态，不破坏图像的像素。

6.4 信息调板

【信息】调板是用于显示图像的颜色值、文档的状态、当前使用的工具信息，如果对文档进行了颜色调整或者选区的创建，在调板中会显示与当前操作有关的信息。

执行【窗口】>【信息】命令，打开【信息】调板，在Photoshop默认的情况下，会显示以下信息。

1．颜色信息

将光标放到文档窗口的图像上，【信息】调板中会显示光标下面的具体的颜色RGB数值和CMYK数值，如图6-81所示。

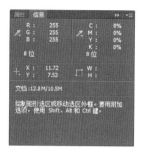

图6-81

2．选区信息

在文档中使用创建选区工具创建选区之时，【信息】调板中会显示选区的宽度和高度数值，如图6-82所示。

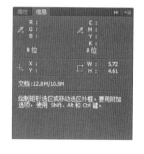

图6-82

3．变换参数

执行【变换】命令时，【信息】调板中会显示变换的宽度和高度的变化数值、旋转的角度、水平切线和垂直切线的角度，如图6-83所示。

图6-83

4．显示变化角度、开始位置和距离

使用【钢笔工具】、【渐变工具】时，随着光标的移动会显示开始位置和X、Y的坐标

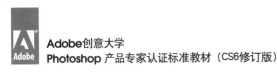

轴，以及角度和距离的变化，如图6-84所示。

图6-84

5．工具提示、状态信息

用于显示当前选择的工具的提示信息，文档的大小、尺寸、文件配置信息等，具体显示内容来自于【信息面板选项】对话框中的显示选项的设置，如图6-85所示。

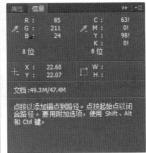

图6-85

6.5　色域和溢色

色域是指颜色系统可以显示或打印的颜色范围。对于 CMYK 设置而言，可在 RGB 模式中显示的颜色可能会超出色域，因而无法打印。

溢色是指在显示器上能显示出来的颜色而在打印机中无法被准确打印出的颜色。通过执行【视图】＞【色域警告】命令，可以查看图像中的溢色，如图6-86所示，再次执行【视图】＞【色域警告】命令，可以关闭色域警告，如图6-87所示。

图6-86　　　　　　　　　　　　　　　　图6-87

6.6 综合案例——调整图像的整体颜色

01 打开"素材/第6章/背景.jpg、人物.psd",选择"人物"将其拖动到"背景"素材中,按【Ctrl（Windows）/Command（Mac OS）+T】组合键,调整图片大小,如图6-88所示。按【Ctrl（Windows）/Command（Mac OS）+E】组合键,合并图层,如图6-89所示。

图6—88

图6—89

02 将背景图层复制一层,然后执行【图像】>【模式】>【CMYK】命令,将图像转换成CMYK模式,如图6-90所示。单击【图层】调板下方的【创建新的填充或调整图层】按钮,在弹出的菜单中选择【通道混合器】命令,如图6-91所示。

图6—90

图6—91

03 双击通道混合器缩略图 ,在弹出的对话框中设置参数,如图6-92所示,得到的图像效果如图6-93所示。

图6—92

图6—93

04 按【Ctrl（Windows）/Command（Mac OS）+E】组合键向下合并图层,选择新合并的"背景副本"图层,执行【图像】>【调整】>【亮度/对比度】命令,在弹出的对话框中设置参数,如图6-94所示,设置完成后单击【确定】按钮,得到效果如图6-95所示。

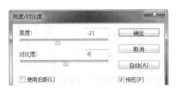

图6—94　　　　　　　　　　　　　图6—95

[05] 将"背景副本"图层复制一层，得到"背景副本2"，如图6-96所示。设置"背景副本2"的混合模式为【正片叠底】，得到效果如图6-97所示。

图6—96　　　　　　　　　　　　　图6—97

[06] 按【Ctrl（Windows）/Command（Mac OS）+E】组合键将"背景副本"与"背景副本2"合并图层，执行【图像】>【调整】>【曲线】命令，在弹出的对话框中设置参数，如图6-98所示。单击【确定】按钮得到效果，如图6-99所示。

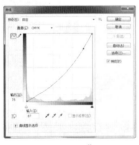

图6—98　　　　　　　　　　　　　图6—99

[07] 选择工具箱中的【椭圆工具】绘制选区，如图6-100所示。执行【选择】>【修改】>【羽化】命令，在弹出的对话框中设置【羽化半径】数值为"200"，按【Ctrl（Windows）/Command（Mac OS）+Shift+I】组合键将选区反选，如图6-101所示。

图6—100　　　　　　　　　　　　図6—101

08 执行【滤镜】>【模糊】>【高斯模糊】命令，在弹出的对话框中设置参数，如图6-102所示。单击【确定】按钮，得到效果如图6-103所示。

图6-102　　　　　　　　　　图6-103

09 双击"背景图层"弹出【新建图层】对话框，【名称】设置为"图层0"，单击【确定】按钮，背景层将转化成普通图层。选择"图层0"将其拖动到图层的最顶层显示，如图6-104所示。

图6-104

10 选择"图层0"为其添加图层蒙版，选择【画笔工具】将前景色设置为黑色，调整画笔的大小，如图6-105所示，使用【画笔工具】在图像中进行涂抹，得到最终效果，如图6-106所示。

图6-105　　　　　　　　　　图6-106

6.7　本章小结

　　本章主要讲解Photoshop的色彩调节知识，通过色彩调整的讲解，能够让用户根据不同的图片来确定应该使用哪一种最合适的命令，然后使用该命令将图像调节出所期望的效果。

6.8 本章习题

一、操作题

1.下面对RGB和CMYK两种色彩模式的描述不正确的是？（ ）

    A．RGB的原理是色光相加　　　　　　B．CMYK的原理是色料减法

    C．RGB和CMYK都可以用于印刷　　　D．CMYK是用于印刷业的色彩模式

2.CMYK色彩模式中的原色包括？（ ）

    A．黄绿蓝和黑　　　　　　　　　　　B．红绿蓝和黑

    C．洋红、黄、青和黑　　　　　　　　D．洋红、绿、蓝和黑

3.当RGB模式转化为CMYK模式时，可以采用下列哪种色彩模式作为中间过渡模式以减少颜色损失？（ ）

    A．Lab　　　　　　B．灰度　　　　　　C．多通道　　　　　　D．索引颜色

4.图像必须是何种模式，才可以转换为位图模式？（ ）

    A．RGB

    B．灰度

    C．多通道

    D．索引颜色

5.下面哪种色彩模式色域最大？（ ）

    A．HSB模式

    B．RGB模式

    C．CMYK模式

    D．Lab模式

二、操作题

素材图像颜色整体偏暗，如图6-107所示。要求使用色彩调整命令将图像整体调亮，并根据自己的意愿来美化图像。

📹 **重点难点提示**

使用【色阶】、【曲线】命令调整图像。

使用【色相／饱和度】或者【通道混合器】命令调整图像颜色。

图6-107

第7章
图层

图层是Photoshop中非常重要的功能之一，图层就像一张张透明叠放在一起的玻璃板，在这些玻璃板中放置着不同的图案，设计师需要编辑修改某一个图案，可以激活放置该图案的图层，这样的编辑动作不会影响到其他图层上的图案。学习图层知识应该先掌握最简单的图层基本操作，然后学习图层样式，最后再学习图层混合模式。

本章学习要点

→ 图层的原理
→ 图层的基本编辑方法
→ 图层样式的类型及应用
→ 图层混合模式的原理及应用

7.1 图层的基础知识

在【图层】菜单和【图层】面板中用户可以对图层进行基本的操作，如新建图层、删除图层、选择图层、合并图层等操作。读者需要认识各种图层的称谓和基本的操作命令。

【图层】面板是用来储存图层的，所有图层都按顺序一栏一栏地排列在该面板中，【图层】面板中还分布着针对图层进行操作的命令，使用这些命令可以对图层进行一系列动作。未经编辑的图像文档在【图层】面板中都会有一个默认的"背景"图层，随着设计师对图像进行复杂的操作，【图层】面板中会随之出现各种不同类型的图层，**如背景层、普通层、文字图层、智能对象图层、图层组、调整图层、图层蒙版图层等**，如图7-1所示。

图7-1

【图层】面板中每种类型图层的作用和使用范围不一样。例如背景层是最基本的图层类型，背景层的诸多操作被限制（如不能建立图层蒙版），一个图像文档最多只能有一个背景层，背景层总是被放置在面板中的尾栏；普通层是最常用的图层类型，普通层上没有图案的地方将显示为透明，绝大多数的工具和命令都可以作用在普通层上（如滤镜命令、画笔工具等）；文字图层只用来放置文字，使用【文字工具】在文档中输入文字，文字图层将被自动建立，同时文字图层的文字具有矢量性，即可以任意缩放图层中的文字不会出现虚化现象，也正是由于其具有矢量性，很多工具和命令不能作用在该图层上；智能对象图层中的图案不会因为反复缩放产生虚化现象；视频图层是用来创建视频的图层。

7.2 编辑图层

使用【图层】菜单和【图层】面板中的命令可以针对图层进行某些操作，如新建图层、复制图层、删除图层、合并图层、链接图层、显示/隐藏图层、调整图层栏位置、锁定图层、调整图层不透明度、建立图层组等，如图7-2所示。

【图层】面板菜单　　　　　　　　　　　【图层】菜单

图7-2

7.2.1 新建图层

在Photoshop中创建新图层的方法主要有以下3种。

● 执行【图层】>【新建】>【图层】命令，可以创建新图层，如图7-3所示。

● 单击【图层】面板下方的【创建新图层】 按钮，直接建立图层，如图7-4所示。

● 单击【图层】面板右上角的 按钮，如图7-5所示，在弹出的菜单中选择【新建图层】命令，弹出【新建图层】对话框，单击【确定】按钮，可以新建一个图层。

图7-3

图7-4　　　　　　　　　　　　　　　　　图7-5

7.2.2 选择图层

单击【图层】面板中的某个图层，该图层显示为蓝显表示选中该图层；按住【Shift】键再单击其他图层栏，这两个之间的图层都为蓝显，表示选中多个图层；按住【Ctrl（Windows）

Command（Mac OS）】键单击其他图层栏可以逐一选中多个图层，如图7-6所示。

  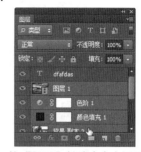

单击选中图层　　　　按【Ctrl（Windows）／Command　　按【Shift】键选中多个图层
　　　　　　　　　　（Mac OS）】键选中多个图层

图7-6

7.2.3 / 显示和隐藏图层

　　在Photoshop文件中会包含很多个图层。使用显示与隐藏功能可以对图层进行显示和隐藏，需要的图层可以将其显示出来，而不再需要的图层可以删除。如果不能删除但需要隐藏的图层，对其进行隐藏。

　　在【图层】面板中，单击图层左侧的"眼睛"图标 可以隐藏图层，再次单击可重新显示图层，如图7-7所示。

图7-7

　　在Photoshop CS6中增加了图层快速搜索功能，在图层面板中，单击图层面板的【类型】按钮，根据下拉菜单提供的图层类型将图层进行显示，如图7-8所示。

图7-8

　　单击【图层】面板的最上方的【类型】按钮，弹出【类型】的下拉式菜单，在该下拉菜单中有【类型】、【名称】、【模式】、【效果】、【颜色】、【属性】6种图层显示方式，方便了使用者对图层的管理，提高工作效率。

7.2.4 / 复制图层与删除图层

1. 复制图层

在Photoshop中，复制图层一共有两种方式。

（1）同一图像文件上的图层复制

在【图层】面板中选中需要复制的图层，将选中的图层拖动到【图层】面板底部的【创建新图层】按钮，或者执行【图层】>【复制图层】命令都可以以创建图层副本的方式复制新的图层，如图7-9所示。

图7-9

（2）不同图像文件之间的图层复制

执行【选择】>【全选】命令或按【Ctrl（Windows）/Command（Mac OS）+A】组合键，将要复制的图层全部选定，执行【编辑】>【拷贝】命令或按【Ctrl（Windows）/Command（Mac OS）+C】组合键，再次执行【编辑】>【粘贴】命令或按【Ctrl（Windows）/Command（Mac OS）+V】组合键，把素材粘贴到另一个文件中，完成图层复制操作，如图7-10所示。

图7-10

2. 删除图层

选择要删除的图层，单击【图层】面板底部的【删除图层】按钮，在弹出的对话框中单击【确定】按钮，或者执行【图层】>【删除】>【图层】命令，在弹出的对话框中单击【确定】按钮，都可以删除选中的图层，如图7-11所示。

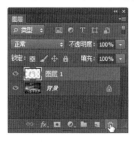

图7-11

7.2.5 / 重命名图层

Photoshop 在创建新图层时，会自动默认图层名称，但是在创建文字图层时，Photoshop 以创建的文字内容命名图层，为了方便对图层的管理，以便于快速找到想要的图层，因此改变图层的名称，能帮助我们更快地识别图层，提高工作效率。

执行【图层】>【重命名图层】命令，可以在【图层】面板中修改选中的图层的名称，如图7-12所示。

图7-12

7.2.6 / 改变图层的顺序

在Photoshop中，新建的图层会排列在【图层】面板的最上面，下面的图层会依次类推地被上面的图层覆盖，最后显示的是【图层】面板中最底层的图层。可以通过执行【图层】>【排列】命令，用【排列】子菜单中的命令来改变图层的顺序，如图7-13所示为【后移一层】命令的移动结果。

图7-13

7.2.7 / 图层的不透明度

图层最大的特点是可设置透明度，能透过上面图层的透明像素查看下面图层中的图像，上面图层中不透明的图像能够遮盖下面的图像，设置各个图层不同的透明度，就会得到不同的画面效果，如图7-14所示。

图7-14

7.2.8 锁定图层与链接图层

1. 锁定图层

在【图层】面板中，锁定图层有锁定位置、锁定透明像素、锁定图像像素和锁定全部4个按钮。可以通过单击【图层】面板中相对应的按钮来完成，如图7-15所示。

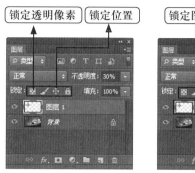

图7-15

> **提示**
>
> 当锁定图层的时候，该图层栏右侧将会出现一个锁图标，空心锁图标 🔓 表示部分锁定图层；实心锁图标 🔒 则表示锁定全部。

2. 链接图层

链接图层功能用于需要对多个图层进行统一操作的时候，保持动作的统一保证，让它们发生统一的变化，没有丝毫的误差。

按住【Ctrl（Windows）/Command（Mac OS）】键单击需要链接的图层，在【图层】面板的底部单击【链接图层】按钮，可以把选中的图层链接起来，如图7-16所示。链接完成后选中链接的图层，再次单击【链接图层】按钮可以断开链接，如图7-17所示。

图7-16 　　　　　　图7-17

7.2.9 合并图层

在Photoshop中，合并图层的常用方式可分为向下合并图层、合并可见图层、拼合图像3种方式。

1. 向下合并图层

选中图层后，执行【图层】>【向下合并】命令后，将合并选中图层和选中图层下面的一

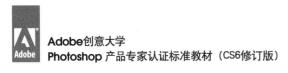

个图层，并以下面图层的名称来命名该图层，如图7-18所示。

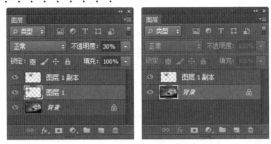

图7-18

> **提示**
>
> 合并图层的时候是将选中图层合并到一个图层，因此不能再单独操作（如移动、缩放等）合并前的某个图层。

2. 合并可见图层

执行【图层】>【合并可见图层】命令，可将所有可见图层合并为一个图层，被隐藏的图层将不能被合并，如图7-19所示。

图7-19

7.2.10 对齐与分布图层

用于对Photoshop【图层】面板中的多个图层的对齐，或者是按照相同的距离进行分布。

1. 对齐图层

如果要将【图层】面板中的多个图层进行对齐，只需将要对齐的图层全部选中，执行【图层】>【对齐】命令，用【对齐】子菜单中的命令就可以将选中的图层按照指定命令进行对齐，【对齐】子菜单中各命令的含义如下。

【顶边】：选中图层中的最顶端像素与当前图层中的最顶端像素对齐。

【垂直居中】：选中图层中垂直方向的中心像素与当前图层中垂直方向的中心像素对齐。

【底边】：选中图层中的最底端像素与当前图层中的最底端像素对齐。

【左边】：选中图层中的最左端像素与当前图层中的最左端像素对齐。

【水平居中】：选中图层中水平方向的中心像素与当前图层中水平方向的中心像素对齐。

【右边】：选中图层中的最右端像素与当前图层中的最右端像素对齐。

图7-20所示为执行【图层】>【对齐】>【垂直居中】命令的结果。

图7-20

2. 分布图层

分布图层用于3个或者3个以上的图层按照一定规律均匀分布，执行【图层】>【分布】子菜单中的命令，就可以将选中的图层按照指定的命令进行分布。

【顶边】：以图层顶端像素开始，平均间隔分布选中的图层。

【垂直居中】：以图层垂直中心像素开始，平均间隔分布选中的图层。

【底边】：以图层底端像素开始，平均间隔分布选中的图层。

【左边】：以图层的最左端像素开始，平均间隔分布选中的图层。

【水平居中】：以图层的水平中心像素开始，平均间隔分布选中的图层。

【右边】：以图层的最右端像素开始，平均间隔分布选中的图层。

如图7-21所示为执行【图层】>【分布】>【垂直居中】命令的结果。

图7-21

7.2.11 图层组

在Photoshop中，随着图像的深入编辑，图像的图层会越来越多，为了方便图层的管理，能够在众多的图层中找到想要找的图层，可以创建图层组，把不同的图层放到创建的图层组中，对图层进行分类管理。

在【图层】面板中单击【创建新组】按钮，可以创建一个空的图层组，如图7-22所示。创建图层组完成后，就可以将不同的图层拖动到同一个图层组中，如图7-23所示。

 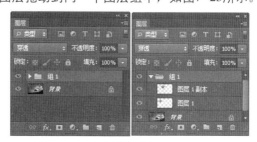

图7-22   图7-23

执行【图层】>【新建】>【从图层建立组】命令也可以建立一个图层组，选中多个图层之后，执行该命令，这些图层将直接被放置到组里。选中图层组之后对该组进行操作（如改变透明度、旋转），同一个组里的所有图层都同步发生变化。

7.3 图层样式

Photoshop的图层样式功能可以创建各种各样的图像效果，如创建发光、阴影、浮雕等。图层样式也属于非破坏编辑方式并且图层样式的效果不直接修改原始图像，因此可以有效地进行灵活的编辑修改。

执行【图层】>【图层样式】>【混合选项】命令，或者双击图层缩略图都会弹出【图层样式】对话框，如图7-24所示。在【图层样式】对话框左侧的【样式】列表框中选中相应的复选框，可以在右侧样式库中设置Photoshop的预设样式，设置样式之后图像发生改变，如图7-25所示。

  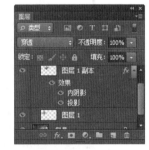

图7-24　　　　　　　　　　　　　　　　　　　图7-25

7.3.1 图层样式的类型

1. 投影

在【图层样式】对话框左侧选中【投影】复选框，或者执行【图层】>【图层样式】>【投影】命令，可以设置投影的属性，【投影】设置界面中各个选项的含义如下。

【混合模式】：在下拉列表框中为投影选择不同的混合模式，能得到不同的投影效果。单击右侧色块，为投影设置颜色。

【不透明度】：拖动滑块，可以设置投影的不透明度。数值越大，投影越清晰；数值越小，投影越模糊。

【角度】：转动角度转盘的指针或输入角度数值，可以设置投影的投射方向。如果选中【使用全局光】复选框，投影可以使用全局光设置；不能使用角度数值定义。

【距离】：用于定义投影的投射距离。

【扩展】：用于增加投影的投射强度。数值越大，投影的强度越大，投影的效果也越明显，反之则越不明显。

【大小】：用来设置投影的模糊范围，该数值越大，模糊范围越高；该数值越小，模糊范围越低。

【等高线】：用来设置投影的形状。

【消除锯齿】：混合等高线边缘的像素，让投影更加平滑。

【杂色】：用于为投影添加杂色。如图7-26所示为图层添加投影的效果。

图7-26

2．内阴影

使用【内阴影】图层样式，可以为图层内容边缘的像素添加内阴影的投影，使图像呈现凹陷的效果，如图7-27所示。

【内阴影】的设置方式与【投影】的设置方式基本相同，有区别的是，【投影】是通过【扩展】选项来控制阴影的渐变范围的，而【内阴影】是通过【阻塞】选项来控制的。

图7-27

3．外发光

【外发光】图层样式可以沿着图层像素的外边缘创建图层发光效果，如图7-28所示。选项说明如下。

【混合模式】：用来设置发光效果与图层的混合模式。

【不透明度】：用来设置发光效果的不透明度，数值越低，发光效果就越低。

【杂色】：用来随机添加发光颜色中的杂色。

【设置发光颜色】：用来设置发光的颜色，同时可以将发光颜色设置为单色发光和渐变色发光两种发光模式。单击后面的渐变条可以使用渐变编辑器来设置渐变颜色。

【方法】：用来设置发光的方法，来控制发光的精确程度。

【扩展】和【大小】：用来设置发光光晕的范围和大小。

图7-28

4．内发光

【内发光】图层样式可以为图像添加内发光效果。该选项的参数设置与【外发光】图层样式的基本相同。可以使用此图层样式制作内发光的效果，同时还可以设置渐变类型参数，调整发光效果，使发光效果更加漂亮，如图7-29所示。

图7-29

5．斜面和浮雕

【斜面和浮雕】图层样式可以创建斜面或浮雕的三维立体效果的图像，如图7-30所示。选项说明如下。

【样式】：选择下拉列表中的不同选项，可以设置不同的效果，其中包括【外斜面】、【内斜面】、【浮雕效果】、【枕状效果】、【描边浮雕】等。

【方法】：用来创建浮雕的方法，主要作用于浮雕效果的边缘。

【深度】：用来设置浮雕斜面的深度，数值越高，浮雕的立体感越强。

【方向】：设置浮雕的高光和阴影的位置。在设置浮雕的高光和阴影的位置之前，首先要设置光源的角度。

【大小】：用来设置浮雕和斜面中阴影面积的大小。

【角度】和【高度】：用来设置照射光源的照射角度和高度。如果选中【使用全局光】复选框则所有的浮雕和斜面的角度都要保持一致。

【光泽等高线】：用于为斜面和浮雕的表面添加光泽，创建具有金属外观的浮雕效果。

【图案】：用于为斜面和浮雕添加纹理，让纹理的效果变得更加丰富。

【高光模式】与【阴影模式】：用来设置高光的混合模式、颜色和不透明度。在这两个下拉列表框中，可以为形成倒角或浮雕效果选择不同的混合模式，从而得到不同的效果。

图7-30

6．光泽

【光泽】图层样式可以根据图像内部的形状应用于投影，来创建金属表面的光泽外观。可以根据【等高线】选项来设置和改变光泽的样式。

7．颜色叠加

【颜色叠加】图层样式，可以为图像叠加某种颜色。只需要设置一种叠加颜色，设置混合模式和不透明度即可，如图7-31所示。

图7-31

8．渐变叠加

【渐变叠加】图层样式可以在当前选择的图层上叠加指定的渐变颜色，如图7-32所示。

图7-32

9．图案叠加

【图案叠加】图层样式可以在图层上叠加指定的图案，可以设置图案的不透明度和混合模式，如图7-33所示。

图7-33

10．描边

【描边】图层样式为图案和文字添加不同颜色的轮廓，尤其是对于文字，有特别的作用。可以为图案添加单色轮廓和渐变轮廓，如图7-34所示。

原图　　　　　　　　　　　单色描边　　　　　　　　　　渐变描边

图7-34

7.3.2 / 编辑图层样式

通过编辑图层样式来实现许多不同的画面效果，可以随时修改、删除、隐藏这些效果，这些操作都不会对图层中的图像造成任何破坏。

1．显示与隐藏效果

在【图层】面板中，效果的前面会有"眼睛"图标 👁，用来控制其效果的可见性，如果要隐藏效果，可单击该效果名称前面的"眼睛"图标 👁，使图标消失；如果想要恢复，可以在此位置再次单击，就会出现"眼睛"图标 👁，该效果就能显示，如图7-35所示。

图7-35

2．复制和粘贴图层样式

选择已经添加的图层样式的图层，执行【图层】>【图层样式】>【拷贝图层样式】命令，复制图层样式的效果，然后选择其他的图层，执行【图层】>【图层样式】>【粘贴图层样式】命令，可以将效果粘贴到选择的图层中，如图7-36所示。

图7-36

3．清除图层样式

用于清除选中图层的图层样式。执行【图层】>【图层样式】>【清除图层样式】命令，或者将效果拖动到【图层】面板的【删除图层】按钮上，都可以将图层样式删除，如图7-37所示。

图7-37

4．全局光

全局光选项，会在图层样式的效果中添加光源。通过执行【图层】>【图层样式】>【全局光】命令，弹出【全局光】对话框，可以调节全局光的角度和高度，如图7-38所示。

图7-38

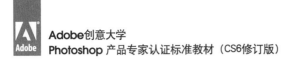

5．创建图层

在图层样式中创建的效果，总是会有不完美的地方，如果需要对其进行进一步的编辑，首先需要将图层样式创建为图层，然后再进行下一步操作，如图7-39所示。

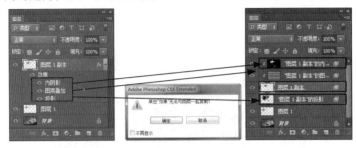

图7-39

6．隐藏所有效果

【隐藏所有效果】命令用于隐藏图像文件中的所有图层样式的效果，执行【图层】>【图层样式】>【隐藏全部效果】命令，可以将效果全部隐藏；执行【图层】>【图层样式】>【显示全部效果】命令，可以将全部效果显示。

7．缩放效果

执行【图层】>【图层样式】>【缩放效果】命令，可以缩放图层中添加的效果，如图7-40所示。

图7-40

7.3.3 / 实战案例——使用图层样式制作图标

1.执行【文件】>【新建】命令，在弹出的对话框中设置参数如图7-41所示，单击【确定】按钮创建文件，

2.设置【拾色器】中前景色为"R190、G160、B40 "，执行【编辑】>【填充】命令，将前景色填充到文档中，如图7-42所示。

图7-41   图7-42

3.选择工具箱中的【圆角矩形工具】，设置【描边宽度】为"0点"，设置【半径】数

值为"20像素"，按住鼠标左键绘制一个圆角矩形，按【Ctrl（Windows）/Command+Enter】组合键，将路径转换成选区，效果如图7-43所示。

图7-43

4.执行【图层】>【栅格化】>【图层】命令，栅格化"圆角矩形1"图层，如图7-44所示。设置前景色为"白色"，执行【编辑】>【填充】命令，将前景色填充到文档中，效果如图7-45所示.

图7-44　　　　　　　　　　　　　　　图7-45

5.按【Ctrl（Windows）/Command+D】组合键取消选区，复制"圆角矩形1"，创建"圆角矩形1副本"图层，选择"圆角矩形1"图层，单击【图层】面板下方的【添加图层样式】

按钮，在弹出的菜单中选择【描边】命令，设置参数如图7-46所示，描边效果如图7-47所示。

6.在图层样式缩略图上单击鼠标右键，在弹出的菜单中选择【创建图层】，将"圆角矩形1"图层样式创建一个新图层，如图7-48所示。按【Ctrl（Windows）/Command+E】组合键合并图层，将图层"形状1"和创建的"形状1的外描边"合并，如图7-49所示。

图7-46　　　　　　　　　　　　　图7-47

7.选择"圆角矩形1副本"图层，单击【图层】面板下方的【添加图层样式】按钮，在弹出的菜单中选择【投影】和【描边】命令，设置参数

图7-48　　　　　　　　　　　　　图7-49

如图7-50所示，单击【确定】按钮，效果如图7-51所示。

图7-50   图7-51

8.选择工具箱中的【椭圆选框工具】，按住【Shift】键在圆角矩形的左边绘制一个正圆，如图7-52所示。按【Delete】键删除选中的图像信息，按【Ctrl（Windows）/Command+D】组合键取消选择，效果如图7-53所示。

图7-52   图7-53

9.单击【图层】面板中【锁定透明像素】按钮，锁定"圆角矩形1副本"图层的透明像素，如图7-54所示。选择【矩形选框工具】，在文档中创建一个选区，如图7-55所示。

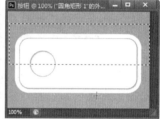

图7-54   图7-55

10.选择工具箱中的【渐变工具】，设置【渐变类型】为"线性渐变"，设置渐变颜色左侧滑块为"R73、G75、B39"，设置右颜色滑块为"R205、G200、B70"，如图7-56所示，单击【确定】按钮，按住鼠标左键拖曳鼠标创建一个渐变，效果如图7-57所示。

11. 按【Ctrl（Windows）/Command+Shift+I】组合键将选区反转，选择【渐变工具】设置【渐变类型】为"线性渐变"设置渐变颜色左侧滑块为"R67、G62、B29"，设置右侧颜色滑块为"R216、G209、B62"，如图7-58所示，单击【确定】按钮，按住鼠标左键拖曳鼠标创建一个渐变，按【Ctrl（Windows）/Command+D】组合键取消选区，效果如图7-59所示。

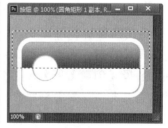

图7-56   图7-57

图7-58   图7-59

7.4 图层混合模式

图层混合模式是 Photoshop 最难理解的功能之一，图层混合模式可以使上下图层的像素发生混合，从而产生形态各异的效果，用于合成图像、制作出奇特的效果，而且不会对图像造成破坏。

在Photoshop中，有很多的命令都含有混合模式的设置选项，如【绘画工具】、【图层】面板、【填充】命令等都与混合模式有关，由此可见混合模式的重要性。

在图层的混合模式中，图层混合模式被分隔线分成了几组，分别是正常组、变暗组、变亮组、反差组、比较组、着色组。

当图层设置了混合模式之后，将会与该图层以下相应图层的像素发生混合，居于上方的图层称为混合层或者混合色，居于下方的图层称为基层或者基色，最终显现的效果称为结果色。

7.4.1 正常模式组

正常模式组是默认设置，其中包含两个选项【正常】及【溶解】，它们与其下方的图层混合同样受透明度的控制，当不透明度设置为"100%"时上下图层不会产生混合效果；当不透明度设置小于"100%"时，【正常】的混合层呈现出透明的效果且显示出下层图层的像素；【溶解】的混合层则会随机添加杂点，如图7-60所示。

正常模式，不透明100%　　　　正常模式，不透明<100%　　　　溶解模式，不透明<100%

图7-60

7.4.2 变暗模式组与变亮模式组

变暗模式组与变亮模式组的作用是相反的，如【变暗】与【变亮】相对，【正片叠底】与【滤色】相对。使用变暗组混合模式可以将所选择的图像变暗；使用变亮组混合模式可以使所选图像变亮。变暗组模式的混合层像素与黑色混合为黑色，与白色混合为本身色，变亮模式则正好相反。

【变暗】和【变亮】：【变暗】是指两个图层对应像素进行比较，取较暗像素作为结果色；【变亮】则是取较亮像素作为结果色，如图7-61所示。

正常　　　　　　　　　变暗　　　　　　　　　变亮

图7-61

　　【正片叠底】和【滤色】：是最重要的混合模式之一，【正片叠底】就好比模拟印刷油墨叠加混合的效果（同时可以看作是模拟阴影投影的效果），可以想象当油墨一层层叠印上去，看到的颜色会随之变暗，直至变成黑色，因此若对图像进行该模式的混合，其结果色比【变暗】模式更暗；【滤色】是模拟光线叠加混合的效果，可以想象当在一个黑暗空间的墙壁上打上一束光映在墙上，另一束光打在同一位置，随着一束束光的叠加，这面墙将越来越亮直至成为白色，因此该模式比【变亮】更亮，如图7-62所示。

正片叠底　　　　　　　　滤色

图7-62

　　正是因为这两个模式的这种特点，因此在图层样式中可以看到阴影效果默认的模式为【正片叠底】,发光效果默认模式为【滤色】。

　　【颜色加深】和【颜色减淡】：模式的结果色与图层的顺序有关系，即混合色与基色的上下位置颠倒，结果色会不一样。【颜色加深】是基色根据混合色的明暗程度来变化（即混合色的明暗度控制基色的变化），混合色越暗改变基色的能力越强，即基色变得越暗；混合色越亮改变基色的能力越弱，基色变黑越不明显；任何混合色都不能改变白色的基色，如图7-63所示。

颜色加深　　　　　　　　　　　　颜色减淡

图7-63

　　【线性加深】和【线性减淡】：【线性加深】可以得到较暗的颜色，并且效果明暗过渡平滑，不会出现增大反差的效果；【线性减淡】效果与之相反，如图7-64所示。

线性加深　　　　　　　　　　　　　　　　　　线性减淡

图7-64

【深色】和【浅色】：与【变暗】和【变亮】效果非常相似，不同之处是【深色】和【浅色】不会产生其他颜色，结果色都取自混合的两个图层，如图7-65所示。

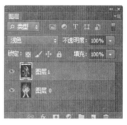

深色　　　　　　　　　　　　　　　　　　　　浅色

图7-65

7.4.3 反差模式组

反差模式组总共包含7个选项，若应用该组混合模式则可以提高图像的反差，与128灰色混合不产生效果。

【叠加】和【柔光】：【叠加】模式的结果色与图层顺序有关，如果基色比128灰色暗，那么基色与混合色将以【正片叠底】模式混合，如果比128灰色亮则以【滤色】模式混合，因此结果色更多显示基层的图像细节并增加其反差效果；【柔光】与【叠加】相似，其结果色反差效果相对较小；【强光】与【叠加】唯一不同之处在于【滤色】或者【正片叠底】以及基色进行混合，由混合色的明暗度来决定，因此混合效果更多显示混合层并增加反差，如图7-66和图7-67所示。

正常　　　　　　　　　　　　　　　　　　　　叠加

图7-66

强光　　　　　　　　　　　　　　　　　柔光

图7-67

　　【线性光】、【点光】、【亮光】以及【实色混合】：这4种模式的结果色与图层的顺序有关系，即混合层与基层的上下位置颠倒，结果色将有所不同，它们都是由混合色控制的模式。【亮光】的混合色比128灰暗，【亮光】与基色以【颜色加深】模式混合，比128灰亮并且以【颜色减淡】模式混合；【线性光】的暗调部分以【线性加深】模式与基色混合，亮调部分以【线性减淡】模式混合；【点光】暗调部分以【变暗】模式与基色相混合，亮调部分以【变亮】模式混合；【实色混合】的混合效果最硬，中间没有过渡色，只能得到R、G、B、C、M、Y、黑、白8种纯色，如图7-68和图7-69所示。

亮光　　　　　　　　　　　　　　　　　线性光

图7-68

点光　　　　　　　　　　　　　　　　　实色混合

图7-69

↓　　小知识

　　进行图像合成时，根据混合模式的特性和所需效果来设置混合模式，合成的时候如果需要保留图像较亮的像素而需要屏蔽较暗的像素，可以选择变亮模式组，如合成水花、白色婚纱、发光的物体等；需要保留较暗像素的时候可以选择变暗模式组，如合成头发等；反差模式组常用来使图像清晰。

7.4.4 比较模式组

在比较模式组中共有4个选项，【差值】和【排除】的结果色与图层顺序无关，【减去】和【划分】则与图层顺序有关。【差值】是两个参与混合的图层中用较亮的颜色减去较暗的颜色，因此两个图层之间的差别越大，图像越亮；【排除】与【差值】相似，但是混合效果对比度较低；【减去】结果色显示更多的基色细节，是用基色减去混合色，因此在基色暗调处颜色变化较小，在亮调处会出现混合色反相的效果；【划分】结果色呈现高反差并显示更多的基色细节，混合色越暗改变基色变亮的能力越强，反差越大，如图7-70和图7-71所示。

差值　　　　　　　　　　　　　　　　排除

图7-70

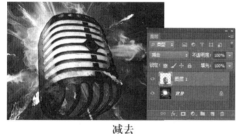

减去　　　　　　　　　　　　　　　　划分

图7-71

7.4.5 着色模式组

着色模式组相对其他模式组比较简单。【色相】用基色的饱和度、明亮度与混合色的色相创建结果色；【饱和度】用基色的明亮度、色相与混合色的饱和度创建结果色；【颜色】用基色的明亮度与混合色的色相、饱和度创建结果色；【明度】用基色的色相、饱和度与混合色的明亮度创建结果色，此模式效果与【颜色】模式相反，如图7-72和图7-73所示。

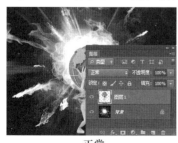

正常　　　　　　　　　　色相　　　　　　　　　　饱和度

图7-72

颜色　　　　　　　　　　　　　明度

图7—73

7.5　调整图层与填充图层

　　调整图层可将颜色和色调调整应用于图像，而不会永久更改像素值。例如，可以创建色阶或曲线调整图层，而不是直接在图像上调整色阶或曲线。颜色和色调调整存储在调整图层中并应用于该图层下面的所有图层。填充图层可以使用纯色、渐变或图案填充图层。与调整图层不同，填充图层不影响它们下面的图层。

7.5.1　调整图层与调整命令的区别

　　使用调整图层编辑图像不会对图像造成破坏。可以尝试不同的设置并随时重新编辑调整图层，也可以通过降低该图层的不透明度来减轻调整的效果。调整命令编辑图像会破坏图像的像素；调整图层可以通过一次调整来校正多个图层，而不用单独地对每个图层进行调整；而调整命令只能调整单个图层，可以随时扔掉更改并恢复原始图像，如图7—74所示。

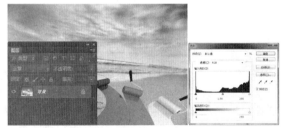

调整图层　　　　　　　　　　　　　调整

图7—74

　　调整图层的编辑具有选择性。在调整图层的图像蒙版上绘画可将调整应用于图像的一部分。通过重新编辑图层蒙版，可以控制调整图像的某些部分，通过使用不同的灰度色调在蒙版上绘画，可以改变调整。

　　调整图层的使用方法与调整命令基本相同。

7.5.2　填充图层

　　填充图层时可以用纯色、渐变或图案填充图层，如图7—75所示。可以为填充图层设置不同的混合模式及不透明度等。

纯色　　　　　　　　　渐变　　　　　　　　　图案

图7-75

7.6　智能对象

智能对象是包含栅格或矢量图像（如Photoshop或Illustrator文件）中的图像数据的图层。智能对象将保留图像的原内容及其所有原始特性，从而能够对图层执行非破坏性编辑。

7.6.1　智能对象的优势

- 执行非破坏性变换，可以对图层进行缩放、旋转、斜切、扭曲、透视变换或使图层变形，而不会丢失原始图像数据或降低品质，因为变换不会影响原始数据。
- 处理矢量数据（如Illustrator中的矢量图片），若不使用智能对象，这些数据在Photoshop 中将进行栅格化。
- 非破坏性应用滤镜，可以随时编辑应用于智能对象的滤镜。
- 使用分辨率较低的占位符图像（以后会将其替换为最终版本）尝试各种设计。

7.6.2　创建智能对象

执行【文件】>【打开为智能对象】命令，选择一个文件，然后单击【打开】按钮；或者执行【文件】>【置入】命令，以将文件作为智能对象导入到打开的 Photoshop 文档的【图层】面板中，智能对象缩略图的右下角会显示智能对象图标，如图7-76所示。

执行【图层】>【智能对象】>【转换为智能对象】命令可以将图层转换成智能对象，如图7-77所示。

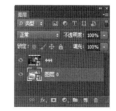

图7-76　　　　　　　　　　　　　　　　　　　　　　　　　图7-77

7.6.3　将智能对象转换成普通图层

执行【图层】>【智能对象】>【栅格化】命令，可以将智能对象转换成普通的图层，如

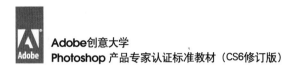
图7-78所示。

图7-78

7.6.4 导出智能对象内容

在【图层】面板中选择智能对象，然后选择【图层】>【智能对象】>【导出内容】命令，选择智能对象内容的位置，然后单击【保存】按钮，完成操作。

Photoshop 将以智能对象的原始置入格式（JPEG、AI、TIF、PDF 或其他格式）导出智能对象。如果智能对象是利用图层创建的，则以 PSB 格式将其导出。

7.7 栅格化文字图层

在Photoshop中某些命令和工具（如滤镜效果和绘画工具）不可用于文字图层。必须在应用命令或使用工具之前栅格化文字。栅格化将文字图层转换为正常图层，并使其内容不能再作为文本编辑。如果选择了需要栅格化图层的命令或工具，则会出现一条警告信息。某些警告信息提供了一个【确定】按钮，单击此按钮即可栅格化图层，或者通过执行【图层】>【栅格化】>【文字】命令，可以完成栅格化文字图层操作，将其转换成普通图层，如图7-79所示。

图7-79

7.8 综合案例——制作钟表广告

学习目的

在本案例中，通过对钟表图层的混合模式进行设置，使上下图层的像素发生混合，完成广告设计中常见的叠透效果。通过图层样式的设置创建多样的图像效果。

重点难点

1.对图像进行等比例缩放。

2. 在【图层样式】中设置图层混合模式。

3. 通过【图层样式】的设置制作发光效果。

本案例将钟表图层和背景图层进行混合，制作出具有通透感的广告画面，风格清新自然。

操作步骤

1. 打开图片

打开Photoshop CS6软件，执行【文件】>【打开】命令，弹出【打开】对话框，单击【查找范围】右侧的下三角按钮，打开"素材/第7章/背景.tif"文件，单击【打开】按钮，如图7-80所示。

2. 贴入钟表

（1）执行【文件】>【打开】命令，弹出【打开】对话框，单击【查找范围】右侧的下三角按钮，打开"素材/第7章/1.tif"文件，单击【打开】按钮，如图7-81所示。

（2）用鼠标左键单击【图层】面板中的"图层1"图层，使其处于激活状态，如图7-82所示。

（3）按【Ctrl（Windows）/Command+A】组合键进行全选，按【Ctrl（Windows）/Command+C】组合键进行复制，将当前工作区切换至"背景"文档，按【Ctrl（Windows）/Command+V】组合键进行粘贴，会将"1.tif"文档中的钟表复制到"背景"文档中，并自动建立"图层1"图层，如图7-83、7-84所示。

图7-80

图7-81

图7-82

图7-83

图7-84

（4）按【Ctrl（Windows）/Command+T】组合键将出现自由变换定界框，将鼠标指针放置到定界框任意一个角上，按住【Shift】键的同时，按住鼠标左键拖曳鼠标将图像调整至合适大小，如图7-85所示。按【Enter】键确认。

（5）激活"图层1"，按【Ctrl（Windows）/Command+A】组合键进行全选，按【Ctrl（Windows）/Command+C】组合键进行复制，按【Ctrl（Windows）/Command+V】组合键进行粘贴，会将"图层1"中的文件进行复制，自动建立"图层2"图层，如图7-86所示，使用"移动"工具将"图层2"移动至相应位置，如图7-87、7-88所示。

图7-85　　　　　　　　图7-86　　　　图7-87　　　　　　图7-88

3.设置"钟表"图层的【混合模式】

（1）在【图层】面板激活"图层1"，双击"图层1"左边的"图层预览"图，如图7-89所示，弹出【图层样式】对话框，如图7-90所示。

图7-89　　　　　　　　图7-90

（2）在【混合选项】一栏中，单击【混合模式】右侧的下三角，如图7-91所示，选择【强光】，单击【外发光】样式，如图7-92所示，单击【确定】按钮，效果如图7-93所示。

图7-91　　　　　　　图7-92　　　　　　　图7-93

（3）激活"图层1"图层，单击鼠标右键，选择【拷贝图层样式】，如图7-94所示，激活"图层2"图层，单击鼠标右键，选择【粘贴图层样式】，效果如图7-95所示。

图7-94　　　　　　图7-95

4.贴入背景花纹

（1）执行【文件】>【打开】命令，弹出【打开】对话框，打开"素材/第7章/2.tif"文件，单击【打开】按钮，如图7-96所示。

（2）用鼠标左键单击【图层】面板中的"图层1"图层，使其处于激活状态，按【Ctrl（Windows）/Command+A】组合键进行全选，按【Ctrl（Windows）/Command+C】组合键进行复制，如图7-97所示，将当前工作区切换至

图7-96

"背景"文档，激活"背景图层"，按【Ctrl（Windows）/Command+V】组合键进行粘贴，会将"2.tif"文档中的花纹复制到"背景"文档中"背景"图层之上，并自动建立"图层3"图层，如图7-98、7-99所示。

图7-97　　　　　　　　图7-98　　　　　　　　图7-99

（3）在【图层】面板激活"图层3"，双击"图层3"左边的"图层预览"图，弹出【图层样式】对话框，在【混合选项】一栏中，单击【混合模式】右侧的下三角，选择【叠加】，如图7-100所示，单击【确定】按钮，效果如图7-101所示。

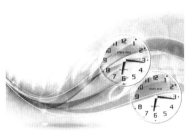

图7-100　　　　　　　　　　图7-101

5.制作文字效果

（1）选择工具箱内的【横排文字工具】，如图7-102所示，单击画布左上角，输入"SAVE TIME"，按【Ctrl（Windows）/Command+A】组合键全选字母，在【工具选项栏】单击【设置字体系列】下三角，选择【方正康体简体】，如图7-103所示，单击【设置字体大小】下三角，选择【30点】，如图7-104所示，单击【设置文本颜色】，弹出【拾色器（文本颜色）】，设置【R】数值为"16"，【G】数值为"16"，【B】数值为"105"，效果如图7-105所示。

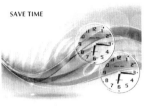

图7-102　　　　　　　　图7-103　　　　　　　　图7-104　　　　　　图7-105

（2）在【图层】面板激活"SAVE TIME"图层，双击图层，如图7-106所示，弹出【图层样式】对话框。单击【斜面与浮雕】一栏，单击【样式】右侧的下三角，如图7-107所示，设置样式为【枕状浮雕】；单击【内发光】一栏，设置保存默认，单击【确定】按钮，效果如图7-108所示。

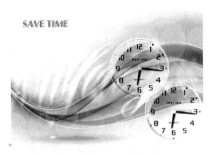

图7-106　　　　　　图7-107　　　　　　　　图7-108

（3）选择工具箱内的【横排文字工具】，单击画布左上角，输入"SAVE MYLIVE"，按【Ctrl（Windows）/Command+A】组合键全选字母，在【工具选项栏】单击【设置字体系列】下三角，选择【方正康体简体】，单击【设置字体大小】下三角，选择【48点】，效果如图7-109所示。

图7-109

（4）在【图层】面板激活"SAVE TIME"图层，单击鼠标右键，选择【拷贝图层样式】，如图7-110所示，激活"SAVE MYLIVE"图层，单击鼠标右键，选择【粘贴图层样式】，如图7-111、7-112所示。

图7-110　　　　　　图7-111　　　　　　　图7-112

6. 保存文件

执行【文件】>【存储为】命令，弹出【存储】对话框，在此对话框中设置保存路径，将【文件名】更改为"钟表广告",然后单击【格式】下拉列表框右侧的下三角按钮,在展开的下拉菜单中选择"JPEG"选项,单击【保存】按钮。

Photoshop的图层样式及图层混合模式功能可以创建多样的图像效果,本案例在图像合成过程中,通过对图层样式中"内发光"、"斜面和浮雕"以及图层混合模式的设置,加深学习者对图层样式的理解,探索更多混合模式的应用,从而制作出不同效果的图像。

7.9 本章小结

本章主要讲解Photoshop的图层基础知识、编辑图层的方法以及图层的样式和混合模式,尤其是混合模式是平面设计中经常用到的功能。通过对图层知识的讲解,能够让用户在使用图层的过程中巧妙地结合图层的有关功能,创建更多丰富多彩的特效图像,制作出更好的图像作品。

7.10 本章练习

一、选择题

1. 在( )情况下可利用图层和图层之间的关系创建特殊效果?

    A. 需要将多个图层进行移动或编辑

    B. 需要移动链接的图层

    C. 使用一个图层成为另一个图层的蒙版

    D. 需要隐藏某图层中的透明区域

2. 下面哪种方法可以将填充图层转化为一般图层?( )

    A. 双击图层面板中的填充图层图标

    B. 执行【图层>栅格化>填充内容】命令

    C. 按住【Alt】键单击图层面板中的填充图层

    D. 执行【图层>改变图层内容】命令

3. 字符文字可以通过下面哪个命令转化为段落文字?( )

    A. 转化为段落文字

    B. 文字

    C. 链接图层

    D. 所有图层

4. 下面哪种类型的图层可以将图像自动对齐和分布?( )

    A. 调节图层

    B. 链接图层

    C. 填充图层

    D. 背景图层

二、操作题

1.将图7-113和图7-114所示的素材进行拼合，要求将人物图像在书本的页面中显示，将人物图像与书本的页面使用混合模式进行混合，显示纸张的颜色。

📹 **重点难点提示**

按【Ctrl（Windows）/Command（Mac OS）+T】组合键调整素材大小及方向。

使用【多边形套索工具】创建选区。

修改图层的混合模式，得到不同的视觉效果。

图7-113　　　　　　　　　　　图7-114

2. 将图7-115～图7-118所示的图像根据自己的创意进行拼合，拼合完成后，放置到如图7-118所示的笔记本电脑的空白桌面上。

📹 **重点难点提示**

按【Ctrl（Windows）/Command（Mac OS）+T】组合键调整素材大小及方向。

使用【多边形套索工具】创建选区。

改变图层顺序，设置图层样式。

修改图层的混合模式，得到不同的视觉效果。

图7-115　　　　　　　　　　　图7-116

图7-117　　　　　　　　　　　图7-118

第8章

蒙版与通道

进入Photoshop的蒙版和通道，就像进入到一个黑白电影的世界，这里所有图像的显示都只有黑、白、灰三种颜色，掌握这三种颜色所代表的意义，就可以真正理解蒙版和通道。

本章学习要点

- → 蒙版的基本操作
- → 蒙版黑、白、灰三色的含义
- → 通道基础知识
- → 应用蒙版和通道可以抠选比较复杂的图像

8.1 蒙版基础知识

蒙版是Photoshop诸多功能中重要的功能之一，主要用于图像的合成。蒙版是建立在图层上通过控制所选择图层图像像素的显示和隐藏，实现图像的合成。**在Photoshop中，蒙版分为快速蒙版、图层蒙版、矢量蒙版和剪贴蒙版**。在这4类蒙版中，图层蒙版是最重要的，因此本书重点将对图层蒙版进行讲解。

要学习与蒙版有关的知识，最关键的是能理解蒙版的黑白灰色与显示图像、隐藏图像的关系，黑白灰色与选区的关系。

8.1.1 蒙版的黑白灰三色的含义

蒙版通过其上黑白灰三色来表示选区的选择状态，并能控制图像的显示和隐藏，只有清楚黑白灰三色的真正含义，才能随心所欲地使用蒙版，从而合成出高质量的图像。本节重点讲解图层蒙版的黑白灰含义，这个含义对其他类型的蒙版也适用。对于选择，初学者往往只停留在范围选择，也就是只能根据蚂蚁线的范围来判断选择是否存在，选择的范围有多大，而进入到蒙版的学习，就会明白选择不仅仅只有范围，还有程度，即选择的深度。通过对蒙版的学习，也可以摆脱蚂蚁线的束缚进入到黑白灰的世界，通过黑白灰的显示来判断选区的范围和选区的选择程度。**蒙版上的黑白灰三色就是判断选择程度的依据，蒙版中包含了选区的相关信息并且可以和选区相互置换。**

在图层蒙版中黑色表示不选择、白色表示全选择、灰色表示部分选择；表示的屏蔽作用分别是完全屏蔽、完全显示、部分屏蔽，如图8-1所示。

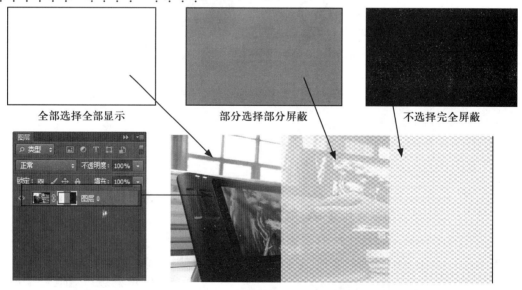

全部选择全部显示　　　　　　部分选择部分屏蔽　　　　　　不选择完全屏蔽

图8-1

由于蒙版上的黑白灰三色只适用于控制屏蔽和显示的区域，因此无论哪种工具、哪种命令，只要是能编辑蒙版上的这三种颜色就可以使用，图层上的图像需要屏蔽的地方屏幕将显示黑色，需要半屏蔽的地方显示灰色，完全显示的地方显示白色。无论蒙版上的图案多么复杂，只要能准确判断黑白灰所产生的效果就能准确地判断图像。

当文档中存在选区，可将选区直接转换成蒙版，在【图层】调板的【添加矢量蒙版】按钮上单击即可，此时可以继续编辑该蒙版，在需要显示的地方着白色，屏蔽处着黑色，蒙版中包含着选区信息，按住【Ctrl（Windows）／Command（Mac OS）】键并单击蒙版，蚂蚁线出现在文档中，蒙版的选区被调用出来，如图8-2～图8-4所示。

图8-2

图8-3

图8-4

8.1.2 快速蒙版

快速蒙版用于快速地修改图像的选区。在Photoshop中，直接编辑和修改选区的方式并不多，而且在编辑的时候常常由于操作失误将创建的选区丢失，所以可以将选区转化为快速蒙版，然后就可以放心大胆地使用多种工具或者命令来编辑这个蒙版，最后再转变成选区即可，如图8-5所示。

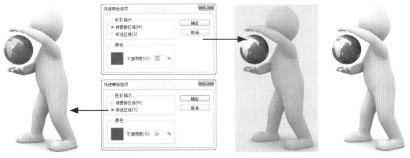

图8-5

使用快速蒙版可以选用多种工具来编辑快速蒙版，也可以使用更高一级的选项来编辑快速蒙版，如使用滤镜和调整命令等，这样调整后得到的选区将更加符合需要。

单击工具箱中的 █ 按钮可以创建快速蒙版，如果当前使用的文档中有选中的选区，则选区内（即选中的部分）显示为图像原有色，选区外（即没有选中的区域）显示为红色。当建立了快速蒙版之后，就可以用选择工具或命令对蒙版进行修改了。编辑完成之后再次单击■按钮可以将蒙版转化成选区，如图8-6所示。

创建一个选区后添加快速蒙版　　选中区域本色显示，未选区域　　再单击快速蒙版按钮，选区编
　　　　　　　　　　　　　　　覆盖上深红色　　　　　　　　辑完成

图8-6

　　快速蒙版是叠压在图层上的一块遮片，其上只能增加黑、白、灰三色，必须理解这三种颜色与选区之间所存在的联系。当文档中某区域添加黑色，则文档显示为该区域被叠印上一层深红色；当添加灰色，文档则显示为叠印一层浅红色；白色则为本色显示。深红色（即黑色）表示该区域不被选择，浅红色（即灰色）表示该区域的部分图像被选择，本色（即白色）表示全部区域被选择，如图8-7所示。

白色全选　　　　　　　　　　灰色半选　　　　　　　　　　黑色不选

复制得到全部像素　　　　　　复制得到部分像素　　　　　　复制得不到像素

图8-7

　　单击■按钮可以在快速蒙版和选区之间切换，此时应该注意当前编辑的是图层还是快速蒙版，可以通过标题栏来判断编辑的对象是图层还是快速蒙版，如图8-8所示。

图8-8

8.1.3 图层蒙版

图层蒙版是经常使用到的蒙版，该蒙版通过有选择的、有程度的显示和隐藏图层中的像素，以实现图层之间相互图像的合成。图层蒙版必须依附在图层上，除了背景层外其他所有类型的图层均可以建立蒙版，如图8-9所示。

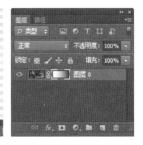

图8-9

建立图层蒙版有两种方法，一种是激活需要建立蒙版的图层后在【图层】>【图层蒙版】子菜单中选择其中一个命令，选择的命令不同，得到的蒙版也不同，如图8-10所示。

图8-10

另一种是在激活需要建立蒙版的图层后，单击【图层】调板中的  按钮，就能得到图层蒙版，如图8-11所示。

图8-11

建立图层蒙版之后可应用多种工具和命令对其进行编辑修饰，在编辑修饰之前要确定此时操作的是图层还是蒙版，如图8-12所示。

图8-12

编辑蒙版的工具和命令非常多，如使用【仿制图章工具】、【橡皮擦工具】和【渐变工具】等，蒙版上的颜色只能出现黑、白、灰三种颜色，因此在蒙版上的所有操作就像编辑一张灰度图，如图8-13所示。

图8-13

使用蒙版使两个图层间相融合，与使用【橡皮擦工具】的作用一致。但使用【橡皮擦工具】是直接在图像上进行操作，如果对融合的效果不满意，很难使图像恢复原貌，而蒙版不是直接作用在图像上，它可以使用户对不满意的效果继续编辑修改或者将蒙版删除，原图不会受到任何影响。

> **小知识**
>
> 如果想要直接观察到蒙版，按住【Alt（Windows）/Option（Mac OS）】键并单击蒙版缩略图，当前文档的图像内容切换为蒙版显示。如要切换回图层显示只需单击图层缩略图即可。

选择图层蒙版后右击，在弹出的快捷菜单中选择可以操控的命令来控制蒙版。选择【停用图层蒙版】命令可以将蒙版暂时关闭，图层内容将被完整地显示出来，此时蒙版出现一个红叉表示蒙版被关闭，如要恢复启用蒙版，则单击图层蒙版缩略图即可，如图8-14所示。

图8-14

【删除图层蒙版】命令可以将蒙版删除，与此同时蒙版的作用也随之消失；【应用图层蒙版】命令是将蒙版删除的同时又将蒙版作用应用到图层图像上；【添加蒙版到选区】、【从选区中减去蒙版】、【蒙版与选区交叉】这 3 个命令是将蒙版转换为选区的命令，如图 8-15 所示。

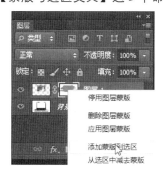

图 8—15

在某个图层上建立的蒙版可以移动到其他图层上，在【图层】调板的蒙版缩略图上按住鼠标左键拖动，拖到其他图层上时松开鼠标左键即可，如图8-16所示。按住【Alt（Windows）/Option（Mac OS）】键并拖动图层蒙版，可以复制该蒙版到其他图层上；按住【Alt（Windows）/Option（Mac OS）+Shift】组合键并拖动图层蒙版，可以复制一个反相的蒙版到其他图层上，如图8-17所示。

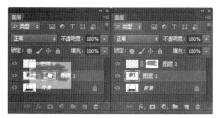
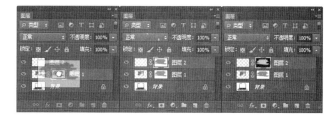

图 8—16　　　　　　　　　　　　　　图 8—17

8.1.4 矢量蒙版

蒙版的另一种形式是矢量蒙版，通过路径建立蒙版来操纵图层像素的显示和隐藏，路径区域内为显示，路径区域外为屏蔽。在【图层】调板的【添加矢量蒙版】按钮上连续单击两下，居于图层栏右侧的蒙版为矢量蒙版，如图8-18所示。

图 8—18

在矢量蒙版中，路径内是白色，表示图像的显示区域；路径外是灰色，表示图像的屏蔽区域，由于路径的矢量性，矢量蒙版只有显示和屏蔽效果，不能出现部分屏蔽的效果，如图8-19

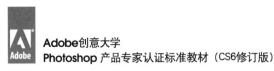
所示。图层图像的显示和隐藏优先考虑矢量蒙版的范围，只有在矢量蒙版的显示范围内，图层蒙版才能产生作用，如图8-20所示。

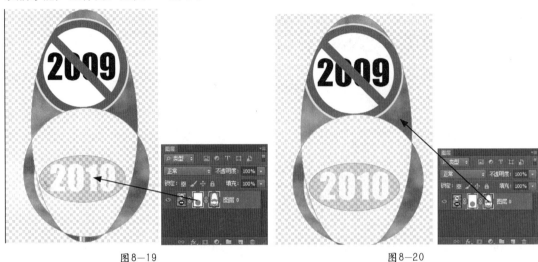

图8-19   图8-20

　　如果已经在文档中建立路径，连续单击两下【图层】调板的【添加矢量蒙版】按钮，即可将路径转换成矢量蒙版，如图8-21所示；如果没有建好路径，可以在添加矢量蒙版之后，在激活的矢量蒙版上绘制路径，该路径将直接应用到矢量蒙版中，如图8-22所示。

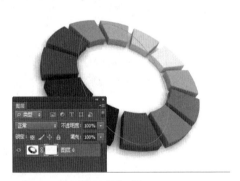
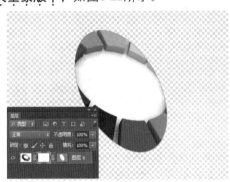

图8-21   图8-22

小知识

　　使用矢量工具绘制路径时，可在工具选项栏中单击【形状图层】按钮，绘制的路径将直接应用为矢量蒙版，如图8-23所示。

图8-23

　　在矢量蒙版缩略图上右击，选择快捷菜单中的【停用矢量蒙版】命令可以暂时关闭矢量蒙版；【删除矢量蒙版】命令可以将矢量蒙版直接删除；【栅格化矢量蒙版】命令可以将矢量蒙版转换成图层蒙版。矢量蒙版中的路径与普通路径相同，如果要编辑该路径，只能通过工具箱中的矢量工具进行编辑，如使用【路径选择工具】移动路径或使用【直接选择工具】调整路径的锚点。

8.1.5 /剪贴蒙版

　　剪贴蒙版是直接根据图层中的透明度来获得的蒙版效果，建立了剪贴蒙版的图层，由下层图层的透明度来决定本图层图像的显示和隐藏的区域，不透明的区域完全显示，透明的区域被完全屏蔽，半透明的区域部分显示，如图8-24所示。

图8-24

　　剪贴蒙版的建立方法有很多，第一种是选中需要建立剪贴蒙版的图层之后，选择【图层】>【创建剪贴蒙版】命令即可；第二种是在【图层】调板的图层上右击，选择快捷菜单中的【创建剪贴蒙版】命令即可；第三种是按住【Alt（Windows）／Option（Mac OS）】键，移动光标到两个图层之间的分隔线上，光标变为 时单击即可创建，若需要取消剪贴蒙版，使用同样的操作即可。如图8-25所示。

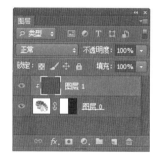

图8-25

> **小知识**
>
> 　　在使用蒙版之前要弄清各种蒙版的特点，如果只是为了快速地编辑修改选区，应该使用快速蒙版；为实现一个复杂的图像拼合而制作的较为复杂的蒙版，应该选用图层蒙版；如果需要拼合的边缘很硬，可以选择矢量蒙版；只需要根据下层图像来屏蔽本图层的，可以选择剪贴蒙版。

8.1.6 /实战案例——利用蒙版拼合图像

　　1.启动Photoshop CS6软件，打开图像素材"拼图01、拼图02"，如图8-26所示。

2.选择"拼图01"文件，执行【选择】>【全部】命令，全部选中图像，执行【编辑】>【拷贝】命令；切换到"拼图02"文件，执行【编辑】>【粘贴】命令，如图8-27所示。

图8-26 图8-27

3.为"图层1"添加一个图层蒙版，选择工具箱中的【钢笔工具】，选择"柔性笔刷"，设置前景色为"黑色"，在如图8-28所示的位置涂抹，最终达到如图8-29所示的效果。

4.单击"图层1"前面的眼睛图标将图层1隐藏；选择工具箱中的【钢笔工具】，沿着图像中"锚"的边缘创建一条闭合的路径，如图8-30所示；按【Ctrl+Enter】组合键将创建的路径转换为选区，效果如图8-31所示。

图8-28 图8-29 图8-30 图8-31

5.单击"图层1"前面的眼睛图标将图层1恢复显示，激活图层的图层蒙版，设置前景色为"黑色"，使用【画笔工具】在图像涂抹，得到的效果如图8-32所示。

图8-32

8.2 通道基础知识

通道的功能是存储颜色信息和选区信息，并用256的灰阶记载图像的颜色信息和选区信息。

8.2.1 认识通道

图像文档的通道都被放置在【通道】调板中，通道与文档的颜色模式有关，通道的类型大致有3种，颜色通道、Alpha通道、专色通道，颜色通道包含复合通道和原色通道，如图8-33所示。

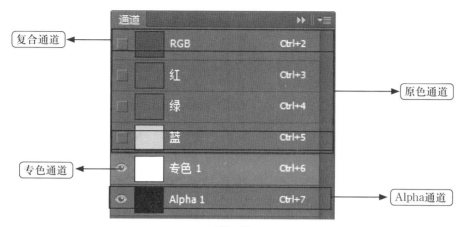

图8—33

图像的模式最常见的是RGB和CMYK模式，本节主要针对这两种图像的通道进行讲解。【通道】调板与【图层】调板有些相似，复合通道中显示的缩略图与文档显示图像一致，复合通道下方是组成图像色彩的原色通道；每个通道的右侧是关闭/显示图标，用于显示和隐藏该通道；【通道】调板下方分布的按钮可以用来编辑通道，如图8-34所示。

图8—34

<h2>8.2.2 通道的基础编辑方法</h2>

通过【通道】调板可以对通道进行操作，如选择通道、删除通道、通道和选区互换、新建和复制通道等。

1. 选择通道

默认状态下，复合通道处于选中状态，此时复合通道显示为蓝色，并且原色也为蓝色，如图8-35所示。在某个原色通道栏处单击使其蓝显，表示当前选择的是该原色通道，此时其他通道的眼睛图标自动关闭，文档图像显示为当前激活的通道，如图8-36所示。可以通过文档标题栏的显示得知当前选中的是哪个通道。

图8-35　　　　　　　　　　　　　　图8-36

当单独的原色通道处于选中状态时，表示操作的是当前激活图层的当前选中通道，可以启动其余通道的眼睛图标以观察图像效果，如图8-37所示。单独选中原色通道时，一些功能将不能使用，如移动普通层的图像，如图8-38所示。

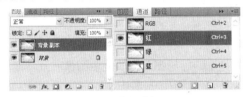 

图8-37　　　　　　　　　　　　　　图8-38

2．通道和选区互换

通道包括了选择信息，通道也是存储选区的场所。若文档中有选区，**单击▣按钮可以将该选区存储为Alpha通道**，如图8-39所示。调用通道的选区有多种方法，第一种是选中某个通道，然后单击▣按钮，选区蚂蚁线出现在文档中；第二种是将通道拖动到▣按钮上，松开鼠标左键即可载入该通道的选区；第三种是按住【Ctrl（Windows）/Command（Mac OS）】键并单击通道，即可将该通道的选区载入，如图8-40和图8-41所示。

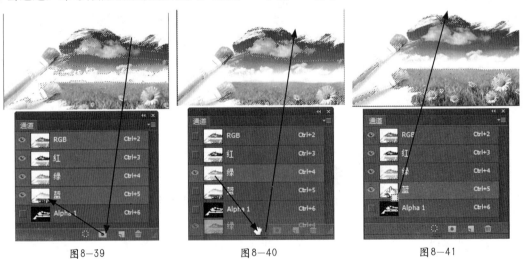

图8-39　　　　　　　　图8-40　　　　　　　　图8-41

3．新建和复制通道

在【通道】调板中单击▣按钮，新建一个黑色的Alpha1通道，并且新建的通道自动处于激活状态，如图8-42所示；将某个通道（除了复合通道）拖动到▣按钮上松开鼠标左键，即可复制该通道为Alpha通道，如图8-43所示。

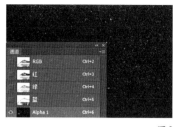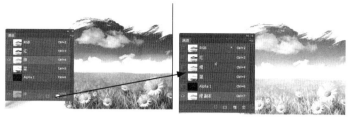

图8—42　　　　　　　　　　　　　　图8—43

4．删除通道

选中某个通道，单击 [trash] 按钮，可将该通道删除，如图8-44所示；也可以将通道拖动到 [trash] 图标上，松开鼠标左键即可删除该通道，如图8-45和图8-46所示。

图8—44　　　　　　　　　　图8—45　　　　　　　　　　图8—46

> **小知识**
>
> 除了颜色通道不能重新编辑名称外，其他通道均可执行重命名操作，双击通道的名称，将出现编辑框，随即输入文字重新命名。

8.2.3　通道的其他编辑方法

运用多种工具和命令可以修改所有通道，如编辑颜色通道可以调整图像的色彩，编辑Alpha通道可以创建复杂的选区，自如地使用通道、编辑通道可以设计出绚丽的特效。

1．编辑颜色通道

颜色通道包含了图像的颜色和选区信息，可以通过编辑颜色通道来调整图像色彩和色调，常用色阶、曲线等调整命令来编辑通道，如图8-47和图8-48所示。

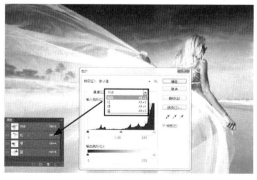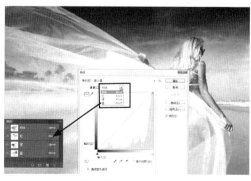

图8—47　　　　　　　　　　　　　　图8—48

2．编辑Alpha通道

如果需要制作复杂的选区，可以通过使用多种工具和命令来编辑Alpha通道。原因在于Alpha通道只包含选区信息，不包含图像的颜色信息，因此对Alpha通道进行编辑不会修改图像的颜色。

（1）用工具编辑Alpha通道

只要是用于编辑图像像素的工具都可以用来编辑通道，如【画笔工具】、【渐变工具】、【橡皮擦工具】、【加深工具】、【减淡工具】等，如图8-49所示。

图8-49

（2）用滤镜编辑Alpha通道

Alpha通道可以用多种滤镜来编辑，如云彩、模糊、扭曲、素描等滤镜，编辑Alpha通道的时候，相当于编辑一张灰度图，如图8-50所示。

云彩　　　　　　　　　　　　　　　　　　　高斯模糊

图8-50

8.3　通道的进阶知识

要想深入了解通道，必须要深刻理解通道与颜色的关系，通过通道中的黑白灰三色，就能准确地判断图像的色彩与选区的选择程度。以下将针对最常用的RGB和CMYK颜色模式的通道进行讲解。

8.3.1　深入了解RGB通道

1．RGB通道与颜色的关系

RGB颜色模式的图像通道分为1个复合通道和3个原色通道，原色通道使用0~255的256个灰阶来记录图像的颜色信息，0表示黑色即没有颜色、128表示中间灰色即有部分颜色、255表示白色颜色含量最多，在通道中颜色的含量越多，通道就越亮（白），如图8-51所示。

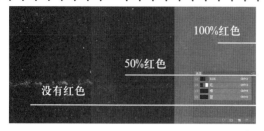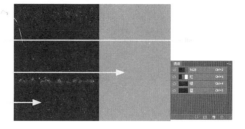

图8-51

当理解了通道记录颜色信息的形式之后，可以通过图像的颜色推断出原色通道中黑白灰三色的分布，同时也就能通过通道的色阶分布来准确判断出图像的颜色，如图8-52所示。

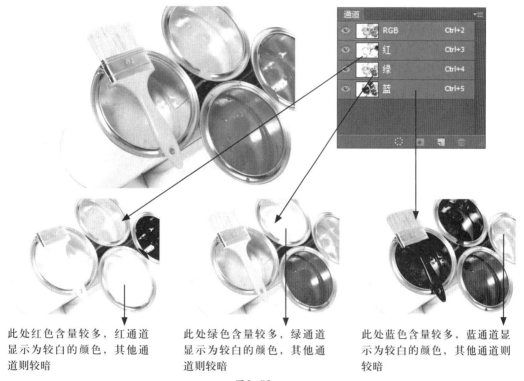

此处红色含量较多，红通道显示为较白的颜色，其他通道则较暗

此处绿色含量较多，绿通道显示为较白的颜色，其他通道则较暗

此处蓝色含量较多，蓝通道显示为较白的颜色，其他通道则较暗

图8-52

RGB颜色模式是色光加色的模式，就像是模拟RGB这3个色光的相互叠加来形成多种颜色，想象一下在一个类似于冲洗照片的暗房里，分别照射255强度的3个RGB色光在墙上的同一个地方，在光源前放置一个遮片，黑色是不透光区域，白色代表透明，完全透光；灰色表示能透过部分光，透过遮片的色光会在墙上进行混合叠加形成颜色，也就是我们看到的彩色图像。

2. RGB通道与选区的关系

通道包含着选区信息，通道用0~255共256个灰阶来记录文档中选区的选择程度，白色表示全部选择、灰色表示部分选择、黑色表示不选择。按住【Ctrl（Windows）/Command（Mac

OS）】键，然后单击某个原色通道，蚂蚁线出现在文档中，可以看到黑白灰三色与选区的关系，如图8-53所示。

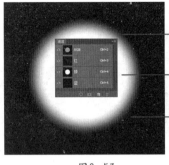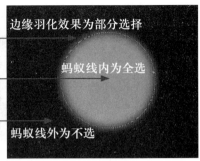

边缘羽化效果为部分选择

蚂蚁线内为全选

蚂蚁线外为不选

图8—53

Alpha通道只包含选区的信息，同样的白色表示全部选择，灰色表示部分选择，黑色表示不选择，**在实际应用中Alpha通道主要用于存储选区和对选区进行编辑修改，因此Alpha通道是存储和编辑选区的场所。**除了颜色通道和专色通道，其他的通道都是Alpha通道，如新建的通道、复制的原色通道副本，蒙版也是Alpha通道，如图8-54和图8-55所示。

图8—54   图8—55

8.3.2 / 实战案例——利用RGB通道去除图像杂色

摄影师在拍摄"水鸭子"的时候，相机由于受到光线和拍摄角度的影响，在图片中产生了红色的曝光，在本小节中，将使用RGB通道混合器去除红色的曝光像素。

1.打开图片素材"水鸭子"，执行【图层】>【新建调整图层】>【通道混合器】命令，弹出【新建图层】对话框，如图8-56所示，在图层面板上创建了一个调整图层。

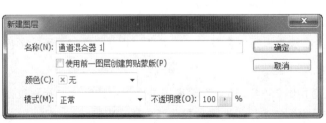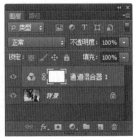

图8—56

2.选择工具箱中的【矩形选框工具】，在图像中创建一个选区，如图8-57所示；激活"通道混合器1"中的图层蒙版，设置前景色为"黑色"，将设置好的"黑色"填充到选区中，如图8-58所示。

图8-57　　　　　　　　　　图8-58

3.单击通道混合器的图层缩略图，执行【窗口】>【属性】命令，在【属性】面板中设置通道混合器的参数如图8-59所示，调整效果如图8-60所示。

图8-59　　　　　　　　　图8-60

4.选择工具箱中的【画笔工具】，激活"通道混合器1"中的图层蒙版，将前景色设置为"白色"，在选区内红色的区域涂抹，得到如图8-61所示的效果。

图8-61

5.执行【选择】>【取消选择】命令，将选区取消显示，图像曝光颜色调整完成。

8.3.3　CMYK通道

CMYK也是常用的颜色模式，CMYK的图像文档包括5个通道，1个复合通道和4个原色通

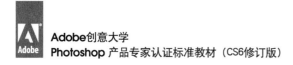

道，CMYK通道记录颜色的方式与RGB相反，比较黑的地方表示颜色含量较多，黑色表示颜色含量最多，灰色表示有部分颜色，白色表示没有颜色，如图8-62所示。

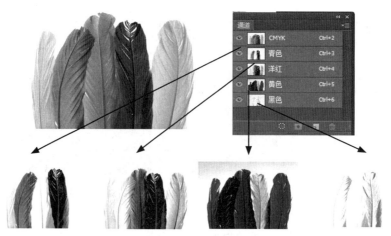

图8-62

CMYK颜色模式是减色的模式，也就是模拟4个油墨的混合叠加来形成多种颜色，想象一下在白纸上放置一张遮片，用青色油墨墨辊碾过，遮片黑色区域吸收青色油墨，并传递到纸上显示青色，白色区域没有油墨显示为纸张的白色，灰色区域传递部分油墨显示淡青色；同样位置、同样方法印上其他几种油墨，于是在纸上就能看到五颜六色的图像，如图8-63所示。

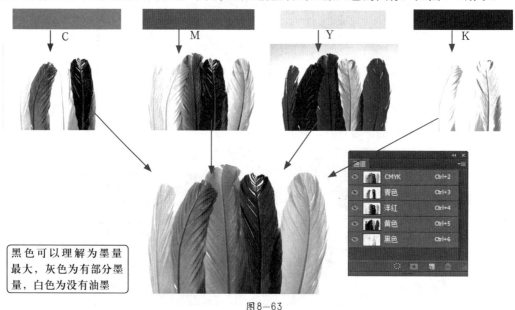

图8-63

CMYK颜色模式通道与RGB一样，白色表示全部选择、灰色表示部分选择、黑色表示不选择。

8.3.4 / 专色通道

专色是一种特殊的印刷颜色，在用Photoshop进行设计时，如果需要使用专色应该设置专色通道，因为CMYK是印刷专用的颜色模式，因此需要设置专色的图像颜色模式应该是CMYK模式。**专色通道也是用黑白灰三色来记录颜色信息，与CMYK原色通道记录方式一致，黑色表示颜色最多，灰色表示部分颜色，白色表示没有颜色**，如图8-64所示。

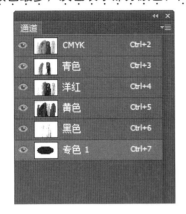

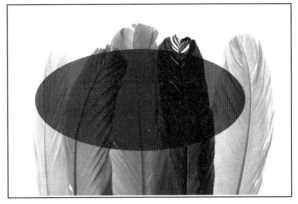

图8—64

专色记录的选区信息与其他通道都不一样，黑色表示全选、灰色表示半选、白色表示不选。

专色通道与Alpha通道一样，可以将选区转化成专色通道，如图8-65所示；也可以建立专色通道之后，在其上绘制颜色，如图8-66和图8-67所示。

图8—65   图8—66

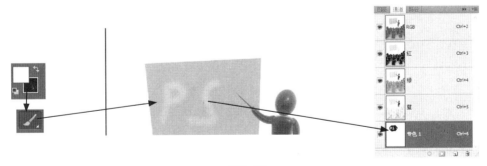

图8—67

专色在实际应用时比较复杂，印刷的专色（如印刷专金、专银色等）需要设置专色通道，一些印后工艺（如UV、烫金、起凸、模切等）也需要设计师设置专色通道。在设置专色通道时，要注意三要素。三要素为位置、形状、大小，应该在设置专色之前，确定在什么地方设置专色；需要设置什么形状的专色；设置这个专色的面积有多大。

8.4 综合案例——使用蒙版制作快乐的唱机

学习目的

本案例通过将两张不同的图像进行合成，练习磁性套索工具的使用，通过色相/饱和度及图层蒙版的设置使嘴唇和唱机很好地融合在一起，帮助学习者熟悉图层蒙版的基本操作，理解图层蒙版的功能，完成具有独特视觉效果的画面。

重点难点

1．使用磁性套索工具选择嘴唇图像。

2．使用色相/饱和度命令调整嘴的颜色，使之与唱机颜色相符。

3．添加图层蒙版，使用画笔工具修改嘴的边缘。

4．使用形状工具绘制乐谱。

本案例将嘴唇和唱机进行合成，制作出具有独特视觉效果的画面，风格富有童趣。

操作步骤

1.打开图片

打开Photoshop CS6软件，执行【文件】>【打开】命令，弹出【打开】对话框，单击【查找范围】右侧的下三角按钮，打开"素材/第8章/背景.tif"文件，单击【打开】按钮，如图8-68所示。

2.贴入嘴唇

（1）执行【文件】>【打开】命令，弹出【打开】对话框，单击【查找范围】右侧的下三角按钮，打开"素材/第8章/嘴唇.tif"文件，单击【打开】按钮，如图8-69所示。

图8-68

图8-69

（2）将鼠标箭头放在工具箱的【套索工具】上长按鼠标左键，将显示隐藏的工具，选择【磁性套索工具】，如图8-70、8-71所示。

图8-70

图8-71

（3）在【工具选项栏】设置【磁性套索工具】的【宽度】为"30像素"，【对比度】为"15%"，【频率】为"60"，如图8-72所示，建立起点后沿嘴唇的边沿缓慢移动鼠标箭头勾出嘴的轮廓，如图8-73所示。在嘴唇与背景色对比度较低的区域需要增加一些节点，能更好地控制轮廓的走向。首尾相接闭合节点，生成选区，如图8-74所示。

图8—72

图8—73　　　　　　　　　　图8—74

（4）按【Ctrl+C】组合键复制选区，切换至"背景.tif"窗口，按【Ctrl+V】组合键粘贴至背景图层之上，生成"图层1"，效果如图8-75所示。

图8—75

（5）按【Ctrl+T】组合键将出现自由变换定界框，将鼠标指针放置到定界框任意一个角上，如图8-76所示，按住【Shift】键的同时，按鼠标左键拖曳鼠标将图像调整至大小合适，如图8-77所示。按【Enter】键确认。

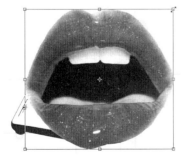 

图8—76　　　　　　　　　　图8—77

（6）使用【移动工具】将嘴唇移动至唱机的蓝色区域，如图8-78所示，按【Ctrl+T】组合键将出现自由变换定界框，在工具选项栏设置【旋转】为"10.00"度，如图8-79所示，按【Enter】键确认。

图8-78

图8-79

3.调整色调

（1）执行【图像】>【调整】>【色相/饱和度】命令，弹出【色相/饱和度】对话框，勾选【着色】选框，如图8-80所示，设置【色相】数值为"187"，【饱和度】为56，【明度】为"0"，如图8-81所示，单击【确定】按钮，效果如图8-82所示。

图8-80

图8-81

图8-82

（2）激活"图层1"，执行【图层】>【图层蒙版】>【显示全部】命令，为"图层1"添加图层蒙版，如图8-83所示，选择工具箱中的【画笔工具】，按字母"D"键，将【前景色/背景色】恢复为默认颜色，在【画笔工具】的工具选项栏设置画笔的不透明度为"20%"，如图8-84所示。

（3）涂抹嘴唇的边缘，直至其边缘逐渐淡化，并与背景融合，效果如图8-85所示。

图8-83

图8-84

图8-85

4.添加声波及音符

（1）选择工具箱中的【矩形工具】，长按鼠标左键显示隐藏工具，选择【自定形状工具】，如图8-86所示，在工具选项栏单击【形状】右侧的黑色下三角，显示形状缩略图列表，如图8-87所示，单击右侧花型按钮，选择【全部】，如图8-88所示，在弹出的对话框单击【追加】按钮，如图8-89所示，追加全部形状。

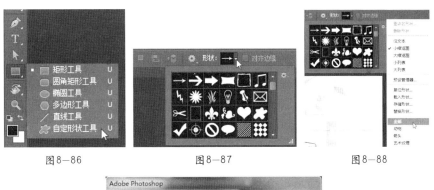

图8-86　　　　　　　　　　　图8-87　　　　　　　　　　　图8-88

图8-89

（2）在工具选项栏单击【形状】右侧的黑色下三角，选择【波浪】，如图8-90所示，将状态切换为【形状】，填充颜色为50%的灰色，如图8-91、8-92所示。

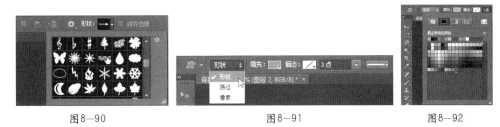

图8-90　　　　　　　　　　　图8-91　　　　　　　　　　　图8-92

（3）在画布上按住鼠标左键拖曳生成波浪形状，如图8-93所示，在【图层】面板生成"形状1"图层，如图8-94。

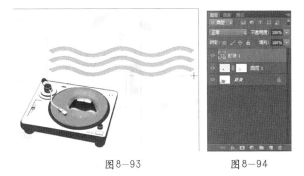

图8-93　　　　　　　　　　图8-94

（4）执行【编辑】>【变换路径】>【扭曲】命令，出现扭曲变换定界框，如图8-95所示，拖动四角完成如图8-96所示的形状变化，按【Enter】键确定。

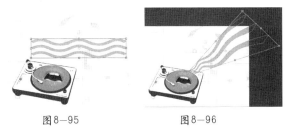

图8-95　　　　　　　　　图8-96

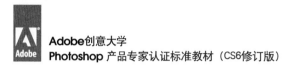

（5）在工具选项栏中单击【形状】右侧的黑色下三角，以同样的方法选择多种音符图形，如图8-97所示，填充颜色为黑色，如图8-98所示，完成音符的绘制，效果如图8-99所示。

图8—97   图8—98

图8—99

8.5 本章小结

蒙版和通道是Photoshop中较复杂的功能，蒙版用于图像的合成，通道用于存储图层选区信息的特殊图层，在通道上可以进行绘画、编辑和滤镜处理等操作。本章将蒙版和通道结合讲解，能够让用户更加深刻地明白蒙版和通道的区别，通过练习学会正确、合理地运用蒙版和通道，做出奇特、绚丽的画面效果。

8.6 本章习题

将如图 8-100 所示的人物素材运用通道将人物抠出，背景换为如图 8-101 所示的紫色背景素材。

🎬 重点难点提示

按【Ctrl（Windows）/Command（Mac OS）+I】组合键执行反相操作。

查看【红】、【绿】、【蓝】通道的颜色对比信息。

将通道转换成选区。

图8—100   图8—101

第9章
文字与矢量工具

文字是在设计作品中必不可少的元素，也是用来传达信息最直接的工具，同时还可以美化版面，突出要表达的主题。

Photoshop工具箱中的【钢笔工具】和【形状工具】可以用来创建路径和各种形状，使用【钢笔工具】可以绘制路径选取图像，创建选区。

本章学习要点

→ 学会在Photoshop中创建文字
→ 学会编辑段落文本、创建变形文字
→ 学会使用【钢笔工具】创建路径、绘制路径、转换路径锚点
→ 学会路径与选区的相互变换

9.1 Photoshop中的文字

在数字艺术设计作品中，应用Photoshop除了处理图像图片之外，还有文字的设计与处理，在Photoshop中可以对文字进行输入、编辑、制作特效和排版等。

9.1.1 创建常用文字

1．文字创建方法和创建工具

在Photoshop 中的文字是以一个独立的图层形式存在的。是以数学方式定义并基于矢量的文字轮廓组成，这些形状是用来描述字样的字母、数字和符号。Photoshop 保留基于矢量的文字轮廓，并在缩放文字、调整文字大小、存储 PDF 或 EPS 文件或将图像打印到 PostScript 打印机时使用它们。因此，将可能生成带有与分辨率无关的犀利边缘的文字。

在Photoshop中，有创建点文字、区域文字、路径文字3种类型的文字。同时还有【横排文字工具】、【直排文字工具】、【横排文字蒙版工具】、【竖排文字蒙版工具】4种文字创建工具。

2．文字工具选项栏

选择工具箱中的文字工具，在文字输入之前，通过文字工具选项栏或者【字符】调板来设置字符的属性，其中包括字体、字符大小、文字的颜色等，如图9-1所示。

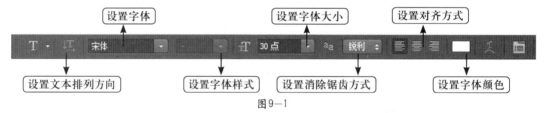

图9—1

【切换文本取向】：用来设置文本文字的排列方向，单击该按钮可以将文字改变为横排或者是竖排文字。

【设置字体系列】：用来改变文本中的字体，在下拉列表框中可以选择要使用的字体。

【设置字体样式】：用来设置字符的样式，包括规则、斜体、粗体和粗斜体等。如图9-2所示为各种字体效果。

Photoshop *Photoshop* **Photoshop** ***Photoshop***

规则　　　　　　倾斜　　　　　　粗体　　　　　　粗斜体

图9—2

【设置字体大小】：用来选择字体的大小，或者直接输入数值来进行调整。

【设置消除锯齿的方法】：用来为文字消除锯齿的选项，Photoshop 会通过部分的填充边缘像素来产生边缘平滑的文字，让文字的边缘混合到背景中而看不到边缘的锯齿。执行【图层】>【文字】>【消除锯齿方式为…】命令，也可以为文字消除锯齿，如图9-3所示。

【设置文本对齐】：根据输入文字光标的位置来设置文本的对齐方式，包括【左对齐文本】、【右对齐文本】、【居中对齐文本】，如图9-4所示。

【设置文本颜色】：单击颜色色块，在弹出的【选择文本颜色】对话框中可以选择要设置的字体颜色。

文本左对齐

文本居中对齐

文本右对齐

图9-3

图9-4

【创建文字变形】：用来创建变形的文字，可以通过【变形文字】对话框为文本添加变形样式，创建变形的文字，如图9-5所示。

图9-5

3．创建点文字

点文字是一个水平或垂直的文本行。在输入点文字时，每行文字都是独立的一行，长度随着编辑增加或缩短，但不会自动换行。

打开"素材/第9章/油漆.jpg"，如图9-6所示。选择【横排文字工具】，在工具选项栏中设置字体为"方正楷体简体"、大小为"72点"、颜色为"蓝色"，在需要输入文字的位置单击设置插入点，画面中出现闪烁的光标，输入"四色油漆"字样，同时【图层】调板会出现一个文字图层，如图9-7所示。

图9-6

图9-7

4．创建段落文字

输入大段的需要换行或分段的文字，被称为段落文字。输入段落文字时，文字基于外框的尺寸换行。可以输入多个段落并选择段落调整选项。还可以将文字在矩形界定框内重新排列或

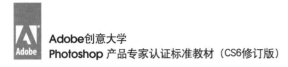

使用界定框来旋转、缩放和斜切文字。

打开"素材/第9章/油漆手指.jpg"，如图9-8所示。选择【横排文字工具】，在工具选项栏中设置字体为"方正楷体简体"、大小为"30点"、颜色为"蓝色"。在画面的空白处拖出一个定界框，如图9-9所示。

当闪烁的光标出现在建好的文字定界框时可以输入文字，文字在达到定界框的界定位置之后会自动换行，如图9-10所示。输入完成后，可以按【Ctrl（Windows）/Command（Mac OS）+Enter（Windows）/ Return（Mac OS）】组合键创建段落文本，如图9-11所示。

图9—8　　　　　图9—9　　　　　图9—10　　　　　图9—11

9.1.2 / 创建特殊文字

1．创建选区文字

创建文字形状的选区时可以利用蒙版文字工具，选择【直排文字蒙版工具】，在画面上单击并输入文字，就可以创建文字选区或创建段落文字选区。

在工具选项栏中设置文本的字号、字体等参数后单击画布插入文本光标，输入文字，在输入文字时画面背景呈现淡红色，且文字为实体，如图9-12所示。在此状态下可以通过选中文字改变其字号、字体等属性。

若要退出文字输入状态，可在工具选项栏中单击【提交所有当前编辑】按钮或选择【选择工具】即可得到如图9-13所示的文字形选区效果。

图9—12　　　　　　　图9—13

2．创建路径文字

路径文字是指在路径上输入的文字。当沿水平方向输入文本时，字符将沿着与基线垂直的路径出现。当沿垂直方向输入文本时，字符将沿着与基线平行的路径出现。文本总是按路径形状的改变而改变，当修改路径的形状时，文字的排版方式也会随路径形状改变文字流向，如图9-14所示。

图9—14

9.2 字符样式

Photoshop在处理文字的过程中，应用最多的面板就是【字符】面板，【字符】面板可用来改变文字的属性。

在【字符】面板中。可以更改文字的字体、字号、颜色、间距、缩放和基线偏移等属性，如图9-15所示为文字相对应的字符面板中文字的属性。

图9-15

1.字体

字体是由一组具有相同粗细、宽度和样式的字符（字母、数字和符号）构成的完整集合。设置字体时，在Photoshop中使用【文字工具】选项选中需要设置的文字，在【字符】面板中选择相应的字体即可，如图9-16所示

图 9-16

2.字号

字号是指印刷用字的大小，是从活的字背到字腹的距离。通常所用的字号单位是点数制和号数制。

选择工具箱中的【文字工具】，选中图像中创建的文字，打开【字符】面板，在【字体大小】的下拉选项中选择需要的字号，或者直接输入字号大小即可设置，如图9-17所示。

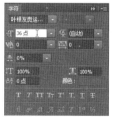

图9-17

3.行距

相邻行文字间的垂直间距称为行距。行距是通过测量一行文本的基线到上一行文本基线的距离得出的。

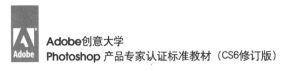

Photoshop会在【字符】面板的【行距】菜单中显示行距默认值，将行距值显示在圆括号中，也可删除行距默认值，按情况需要自己设置。

4.字间距

字间距也称为字符间距，就是指相邻字符之间的距离，在Photoshop中，字间距的默认距离为"0"，通过调整其数值的大小，可以改变字符间的距离。

5.字体缩放比例

【字体缩放比例】分为【水平缩放】和【垂直缩放】，通过调整文字的缩放比例可以对文字的宽度和高度进行挤压或扩展，如图9-18所示。

图 9-18

6.设置上标与下标

在有些时候，如填写二次方、三次方等要用到上标或下标。设置时首先选择要修改的文字，然后用鼠标单击【字符】下方对应的文字显示按钮即可，如图9-19所示为上标效果图。

图9-19

9.3 段落样式

在Photoshop中有两种输入文字的方式。一种是点文字，每行即是一个单独的段落。另一种是段落文字，一段可能有多行，具体视外框的尺寸而定。可以选择段落，然后选择【段落】调板为文字图层中的单个段落、多个段落或全部段落设置格式。

【段落】调板可更改列和段落的格式设置。执行【窗口】>【段落】命令，也可以选择一种文字工具并单击工具选项栏中的【切换字符和段落面板】按钮，如图9-20所示。

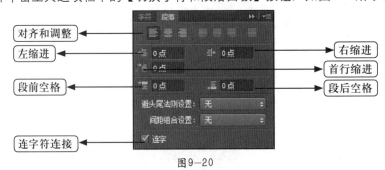

图9-20

若要在【段落】调板中设置带有数字值的选项，可以直接在文本框中编辑数值。在直接编辑数值时，按【Enter（Windows）/Return（Mac OS）】键可应用数值；按【Shift+Enter（Windows）/Return（Mac OS）】组合键可应用数值，并随后高光显示刚刚编辑的数值；或者按【Tab】键可应用数值并移到调板中的下一个文本框。

1．对齐方式

在Photoshop中的【段落】调板可设定不同的段落排列方式。横排文字的左边、中心或右边对齐；直排文字的顶边、中心或底边对齐。对齐选项只可用于段落文字。

横排文字的对齐方式如下。

【左对齐文本】：将文字左对齐，使段落右端参差不齐。

【居中对齐文本】：将文字居中对齐，使段落两端参差不齐。

【右对齐文本】：将文字右对齐，使段落左端参差不齐。

直排文字的对齐方式如下。

【顶对齐文本】：将文字顶对齐，使段落底部参差不齐。

【居中对齐文本】：将文字居中对齐，使段落顶端和底部参差不齐。

【底对齐文本 】：将文字底对齐，使段落顶部参差不齐。

两端对齐是文本同时与两个边缘对齐。可以选择对齐段落中除最后一行外的所有文本，也可以选择对齐段落中包括最后一行在内的文本。选择对齐设置将影响各行的水平间距和文字在页面上的美感。对齐选项只可用于段落文字，并确定字、字母和符号间距。在【段落】调板中，段落对齐选项可以分为以下几种。

横排文字的段落对齐选项如下。

【最后一行左对齐】： 对齐除最后一行外的所有行，最后一行左对齐。

【最后一行居中对齐】： 对齐除最后一行外的所有行，最后一行居中对齐。

【最后一行右对齐】： 对齐除最后一行外的所有行，最后一行右对齐。

【全部对齐】： 对齐包括最后一行的所有行，最后一行强制对齐。

直排文字的段落对齐选项如下。

【最后一行顶对齐】：对齐除最后一行外的所有行，最后一行顶对齐。

【最后一行居中对齐】：对齐除最后一行外的所有行，最后一行居中对齐。

【最后一行底对齐】：对齐除最后一行外的所有行，最后一行底对齐。

【全部对齐】：对齐包括最后一行的所有行，最后一行强制对齐。

2．缩进

段落缩进用来指文字与文字块边框之间或与包含该文字的行之间的间距量。缩进只影响选定的一个或多个段落，因此可以很容易地为不同的段落设置不同的缩进。

【左缩进】： 从段的左边缩进。对于直排文字，此选项控制从段落顶端的缩进。

【右缩进】：从段的右边缩进。对于直排文字，此选项控制从段落底部开始的缩进。

【首行缩进】：缩进段落中的首行文字。对于横排文字，首行缩进与左缩进有关；对于直排文字，首行缩进与顶端缩进有关。要创建首行悬挂缩进，输入一个负值。

9.4 转换文字

在Photoshop中，创建文字图层后可以将文字转换成普通图层进行编辑，也可以将文字转换成形状图层或者生成路径。转换过后的文字图层可以像普通图层那样进行移动、重新排放、

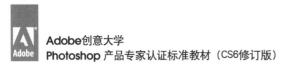
拷贝，还可以设置各种滤镜效果。

9.4.1 / 文字图层转换为普通图层

在Photoshop中，若要编辑文字图层只有通过执行【图层】>【栅格化】>【文字】命令，将其转换为普通的像素图层。图9-21所示为文字图层对应的【图层】调板。如图9-22所示为将文字图层转换为普通图层后的【图层】调板。此时图层上的文字就完全变成了像素信息，不能再进行文字编辑，但可以执行所有图像可执行的命令。

图9-21　　　　图9-22

9.4.2 / 文字图层转换为形状图层

执行【文字】>【转换为形状】命令，可以看到将文字转换为与其路径轮廓相同的形状，相应的文字图层也转换为与文字路径轮廓相同的形状图层，如图9-23所示。

图9-23

9.4.3 / 生成路径

执行【文字】>【创建工作路径】命令，可以看到文字上有路径显示，在【路径】调板看到由文字图层得到与文字外形相同的工作路径，如图9-24所示。

图9-24

9.5 路径与矢量工具

在 Photoshop 中，可以使用任何形状工具、钢笔工具或自由钢笔工具进行绘制创建矢量形状和路径。在 Photoshop 中必须从工具选项栏中选择绘图模式才可以进行绘图。选择的绘图模式将决定是在自身图层上创建矢量形状，还是在现有图层上创建工作路径，或是在现有图层上创建栅格化形状。

9.5.1 认识路径

路径和锚点是组成矢量图形最基本的元素。路径是由一个或多个直线段或曲线段组成。而锚点又分为平滑点和角点两种，它是用来连接路径段，如图9-25所示。路径段上的锚点有方向线，方向线的端点为方向点，可以用来调节路径曲线的方向。

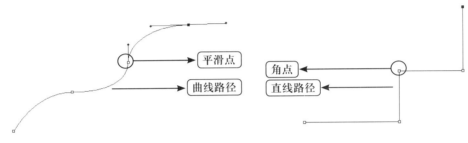

图9-25

1．锚点

路径上有一些矩形的小点，这些点称之为锚点。锚点标记路径上线段的端点，通过调整锚点的位置和形态可以对路径进行各种变形调整。

2．平滑点和角点

路径上的锚点有两种，一种是平滑点；另一种是角点，如图9-25所示。平滑点两侧的曲线是平滑过渡的，而角点两侧的曲线或者直线是交点处产生一个相对于平滑曲线来说比较尖锐的角。

3．方向线和方向点

当平滑点被选择时，它的两侧各有条方向线，方向线顶端为方向点，移动方向点的位置可以调整平滑点两侧的曲线形态。

> **小知识**
>
> 路径是矢量对象，它不包含像素，所以没有描边或者是填充的路径，在打印文档时，是不能被打印出来的。

9.5.2 路径应用技巧

前面介绍了关于路径的基础知识，以及基本形状的绘制，在本小节里，将系统地归纳路径抠图过程中的经验技巧，以及常见的问题，并针对每一个知识点准备大量的案例供设计师练习。

1．路径绘制工具

钢笔工具是Photoshop中默认的绘制路径工具，钢笔工具描绘的轮廓清晰、准确，只要将

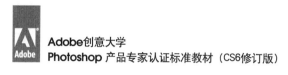

路径转换成选区，就可以准确地选择对象。

　　Photoshop 提供多种钢笔工具。标准钢笔工具可用于绘制具有最高精度的图像；自由钢笔工具可用于像使用铅笔在纸上绘图一样来绘制路径；磁性钢笔选项可用于绘制与图像中已定义区域的边缘对齐的路径。可以组合使用钢笔工具和形状工具来创建复杂的形状。使用标准钢笔工具时，在钢笔工具选项栏中提供了以下选项，如图9-26所示。

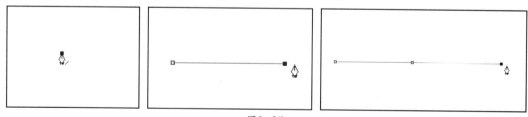

图9-26

　　【形状图层】：在单独的图层中创建形状。可以使用形状工具或钢笔工具来创建形状图层。因为可以方便地移动、对齐、分布形状图层以及调整其大小，所以形状图层非常适于为Web 页创建图形。可以选择在一个图层上绘制多个形状。形状图层包含定义形状颜色的填充图层以及定义形状轮廓的链接矢量蒙版。形状轮廓是路径，它出现在【路径】调板中。

　　【路径】：在当前图层中绘制一个工作路径，可随后使用它来创建选区、矢量蒙版，或者使用颜色填充和描边以创建栅格图形（与使用绘图工具非常类似）。除非存储工作路径，否则它是一个临时路径。路径出现在【路径】调板中。

　　【填充像素】：直接在图层上绘制，与绘图工具的功能非常类似。在此模式中工作时，创建的是栅格图像，而不是矢量图形。可以像处理任何栅格图像一样来处理绘制的形状。在此模式中只能使用形状工具。

　　【自动添加/删除】：此复选框可在单击线段时添加锚点或删除锚点。

　　【对齐方式】：用于路径的对齐，分为左对齐、居中对齐、右对齐、顶边、底边等。

　　【路径运算方式】：用于路径间的形状运算，分为合并形状、减去顶层形状、与形状区域相交等。

　　【路径排列顺序】：用于不同路径的层次排列顺序。分为将形状置于顶层、将形状前移一层，将形状后移一层，将形状置于底层。

　　（1）绘制直线路径

　　选择【钢笔工具】，单击工具选项栏中的【路径】按钮，将光标移动到工作区中单击，可以创建第一个锚点，移动光标到下个位置单击可以创建下一锚点，两个锚点会连成一条直线，这样就会创建一条开放路径，如图9-27所示。

图9-27

　　（2）绘制曲线路径

　　选择【钢笔工具】，单击工具选项栏中的【路径】按钮，将光标移动到工作区中单击，可以创建第一个锚点，移动光标到下个位置拖动鼠标创建下一锚点，在拖动的过程中可以调节方向线的长度和方向，如图9-28所示。在调整锚点方向线的长度和方向时，会影响到下一个锚点所产生的路径方向，因此一定要控制好锚点的方向线。

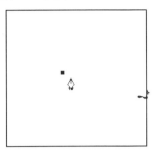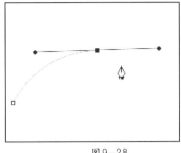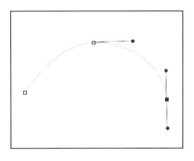

图9-28

2．找到合适的点

在用路径创建选区时，通常需要放大视图，这样可以使抠图质量更高。放大视图，以保证在对象的边缘取点。在选择第一点时，为了建立高质量的路径，通常第一个点选在图像的拐角处，而不是直线处或者平滑的曲线处，如图9-29所示。第二个点应该选在图像边缘的平滑处，如图9-30所示。

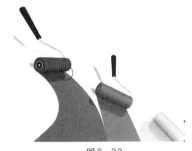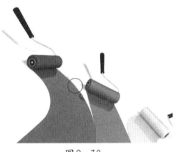

图9-29　　　　　　　　　　　　　　图9-30

3．合理的拖动方向

一个曲线段都是由两个方向线控制其形状的，所以，在创建第一个锚点时，要将方向线拖动出来，方便对曲线的形状进行调整，如图9-31所示。

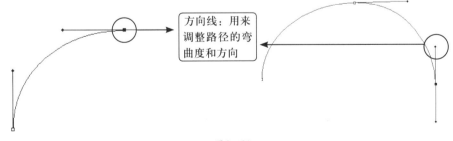

图9-31

在【钢笔工具】状态下，按下【Alt（Windows）/Option（Mac OS）】键，并拖动一个控制点，可以单独调整相应的方向线的长度和方向，锚点另一侧的方向线不发生任何改变，如图9-32所示。

图9—32

4．靠近边缘的选取方法

在实际工作中会经常用到先用【钢笔工具】绘制路径，再转换为选区，具体的做法是：创建一个路径，按【Ctrl（Windows）/Command（Mac OS）+Enter（Windows）/ Return（Mac OS）】组合键路径会自动转换成闭合的选区。所以，创建用作选区的路径时，也有一定的技巧，比如，当一段路径已经勾选到了画布的边缘时，可以不用直接闭合路径，而是勾到画布外的区域，按【Ctrl（Windows）/Command（MacOS）+Enter （Windows）/Return（Mac OS）】组合键后，生成的选区会自动收缩到画布边缘。当靠近画布边缘的路径包含曲线段时，此方法可以提高效率。

9.5.3 / 路径的编辑

在创建路径的过程中，可能会出现一些不准确的时候，这样就需要对路径进行修改，可以通过对锚点和路径的修改完成对路径的修改。

1．选择路径

选择路径组件或路径段将显示选中部分的所有锚点，包括全部的方向线和方向点（如果选中的是曲线段）。方向点显示为实心圆，选中的锚点显示为实心方形，而未选中的锚点显示为空心方形。

要选择路径组件（包括形状图层中的形状），选择【路径选择工具】，并单击路径组件中的任何位置。如果路径由几个路径组件组成，则只有指针所指的路径组件被选中，如图 9-33 所示。

图9—33

> **小知识**
>
> 要选择其他的路径组件或段，选择【路径选择工具】或【直接选择工具】，然后按住【Shift】键并选择其他的路径或段。

2．移动路径

选择工具箱中的【路径选择工具】，选择文档中创建的路径，按住鼠标左键拖动，或者使用键盘上的方向键可以移动路径，如图9-34所示。

图9-34

3．添加与删除锚点

添加锚点可以增强对路径的控制，也可以扩展开放路径。但最好不要添加多余的点。点数较少的路径更易于编辑、显示和打印。删除锚点可以用来降低路径的复杂性。**工具箱包含用于添加或删除点的3种工具：【钢笔工具】、【添加锚点工具】和【删除锚点工具】。**

在Photoshop默认情况下，当将【钢笔工具】定位到所选路径上方时，它会变成【添加锚点工具】；当将【钢笔工具】定位到锚点上方时，它会变成【删除锚点工具】。 在 Photoshop 中，必须在工具选项栏中选中【自动添加/删除】复选框，以便使【钢笔工具】自动变为【添加锚点工具】或【删除锚点工具】。

选择要修改的路径，然后选择工具箱中的【钢笔工具】、【添加锚点工具】或【删除锚点工具】；若要添加锚点，将光标定位到路径段的上方，然后单击。若要删除锚点，将光标定位到锚点上，然后单击。锚点的添加或删除如图9-35所示。

添加锚点　　　　　　　　　　　　　　　　删除锚点

图9-35

4．转换锚点类型

【转换点工具】用于角点和平滑点之间的转换。选择要修改的路径，然后选择工具箱中的【转换点工具】，或使用【钢笔工具】并按住【Alt（Windows）/Option（Mac OS）】键单击，可以将平滑点转换成角点，如图9-36所示。

图9-36

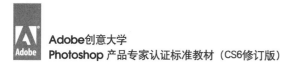
将【转换点工具】放置在要转换的锚点上方，按住鼠标左键向角点外拖动，使方向线出现，可以将角点转换成平滑点，如图9-37所示。

图9—37

要将没有方向线的角点转换为具有独立方向线的角点，要先将方向点拖动出角点（成为具有方向线的平滑点），松开鼠标左键然后拖动任一方向点。如果要将平滑点转换成具有独立方向线的角点，单击任一方向点，如图9-38所示。

图9—38

9.5.4 / 管理路径

当使用钢笔工具或形状工具创建工作路径时，新的路径以工作路径的形式出现在【路径】调板中。工作路径是临时的，必须存储它以免丢失其内容。如果没有存储便取消选择了工作路径，当再次开始绘图时，新的路径将取代现有路径。

1. 【路径】调板

【路径】调板用于保存和管理调板，【路径】调板列出了每条存储的路径、当前工作路径和当前矢量蒙版的名称和缩览图像，如图9-39所示。

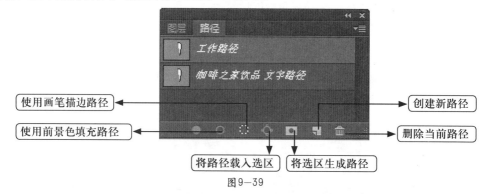

图9—39

在【路径】调板中选择相应的路径并将其上下拖动，当所需位置上出现黑色的实线时，释放鼠标左键。

2．新建路径

在【路径】调板中，单击右下角的⬛按钮，可以创建新的路径图层，如图9-40所示。按住【Alt（Windows）/Option（Mac OS）】键单击⬛按钮，可以在弹出的【新建路径】对话框中修改路径的名称，如图9-41所示。

 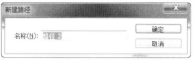

图9-40   图9-41

3．填充路径

使用钢笔工具创建的路径只有在经过描边或填充处理后，才会成为图像。填充路径命令可用于使用指定的颜色、图像状态、图案或填充图层来填充包含像素的路径，如图9-42所示。

图9-42

当填充路径时，颜色值会出现在现用图层中，确保标准图层或背景图层处于现用状态。当蒙版、文本、填充、调整或智能对象图层处于现用状态时，无法填充路径。

9.5.5 / 输出路径

用路径抠取的图像通常用作制作剪贴路径后置入到排版软件中。剪贴路径可以让对象从背景中分离出来，置入到排版软件中后，剪贴路径外的对象均不显示，如图9-43所示。

图9-43

将带有路径或通道的PSD文件置入Illustrator或InDesign中可以实现同样的效果。另外，位图模式的图像无须做剪贴路径，置入InDesign中会自动去除白底。

用钢笔工具创建路径，【路径】调板中自动生成了一个工作路径，如图9-44所示。

图9-44

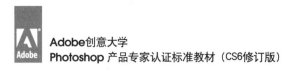

单击【路径】调板的右上角的■按钮，在弹出的菜单中选择【存储路径】命令，在弹出的【存储路径】对话框中，单击【确定】按钮，如图9-45所示。

图9-45

单击【路径】调板的右上角的■按钮，在弹出的菜单中选择【剪切路径】命令，在弹出的【剪切路径】对话框中，单击【确定】按钮，如图9-46所示。将图像存储为TIFF格式，置入到InDesign中后，背景将不再显示，如图9-47所示。

图9-46   图9-47

9.5.6 实战案例——使用钢笔工具抠图

将图像中的陶瓷杯使用钢笔工具沿着边缘创建一个路径，并保存为剪切路径。

1. 打开图像素材"咖啡杯子"，选择工具箱中的【钢笔工具】，在如图9-48所示的位置单击鼠标左键创建第一个锚点，

2. 沿着杯子底座的边缘单击鼠标左键创建第二个锚点，并按住鼠标左键拖曳鼠标，使用控制手柄调节路径的弧度与杯底的边缘重合，如图9-49所示。

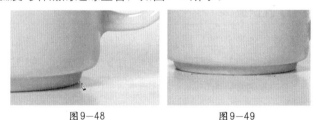

图9-48   图9-49

3. 按照上述描述的方法沿着杯子的外边缘创建一条路径，在创建的第一锚点处单击鼠标左键创建一条闭合路径，如图9-50所示。

图9-50

4. 执行【窗口】>【路径】命令，在弹出的【路径】面板中选择"工作路径"，单击【路径】调板的右上角的■按钮，在弹出的菜单中选择【存储路径】命令，在弹出的【存储路

径】对话框中，单击【确定】按钮，如图9-51所示。

图9—51

5. 单击【路径】调板的右上角的 ▼≣ 按钮，在弹出的菜单中选择【剪贴路径】命令，在弹出的【剪贴路径】对话框中，设置【展平度】为"2个像素"，如图9-52所示，单击【确定】按钮。

图9—52

9.6 综合案例——制作简单光盘封面样本

为了巩固对本章所学知识的了解，通过制作一个简单的光盘封面来加深对路径和文字有关知识的了解。

📹 知识要点提示

路径的创建、路径转换成选区。

路径的填充、创建文字。

📁 操作步骤

01 执行【文件】>【新建】命令，在弹出的对话框中设置参数，如图9-53所示。 显示网格，如图9-54所示。

图9—53

图9—54

02 选择工具箱中的【钢笔工具】，在选项栏中设置钢笔的绘制方式为"路径"，在文档中创建第一个锚点，按住鼠标左键不放，沿着水平的网格线拖动出方向线，如图9-55所示。然后使用相同的方法创建第二个锚点，如图9-56所示。

图9-55　　　　　　　　　　图9-56

03 按照此方法继续创建第三个锚点和第四个锚点，得到一个闭合路径，如图9-57所示。切换到【路径】调板，按住【Ctrl（Windows）/Command（Mac OS）】键单击路径缩略图，将路径转换成选区，如图9-58所示。执行【选择】>【存储选区】命令，将保存的选区命名为"选区01"，如图9-59所示。

图9-57　　　　　　图9-58　　　　　　　　　图9-59

04 使用相同的方法再次创建路径，如图9-60所示，然后使用相同的方法将新创建的路径生成选区，然后执行【选择】>【存储选区】命令，在弹出的对话框中将名称修改为"选区02"，单击【确定】按钮，如图9-61所示。

图9-60　　　　　　　　　图9-61

05 打开素材"color2"，将其拖动到新建文档的图层中，并调整到合适的位置，如图9-62所示。

06 执行【选择】>【载入选区】命令，在弹出的对话框中选择"选区01"，单击【确定】按钮，然后执行【选择】>【反向】命令，将选区反转，按【Delete】键删除选择内容，按【Ctrl（Windows）/Command（Mac OS）+D】组合键取消选择，如图9-63所示。

图9-62　　　　　　　　图9-63

[07] 执行【选择】>【载入选区】命令，在弹出的对话框中选择"选区02"，单击【确定】按钮，按【Delete】键删除选择内容，按【Ctrl（Windows）/Command（Mac OS）+D】组合键取消选择，如图9-64所示。

[08] 选择工具箱中的【直排文字工具】，在"图层1"中创建文字"金色童年"，设置字体为"微软雅黑"，大小为"36点"，字符距离为"400"，效果如图9-65所示。

图9-64

图9-65

[09] 将前景色颜色的"RGB"数值分别为"128"选择【路径】调板，单击调板下方的 ⊙ 按钮填充路径。然后执行【选择】>【修改】>【收缩】命令，在弹出对话框中设置数值为"10"像素，单击【确定】按钮，然后按【Delete】键删除刚才填充的内容，得到效果如图9-66所示。

[10] 执行【选择】>【载入选区】命令，将"选区01"载入，按【Ctrl（Windows）/Command（Mac OS）+Shift+I】组合键将选区反选，然后按【Alt（Windows）/Option（Mac OS）+Delete】组合键填充选区，按【Ctrl（Windows）/Command（Mac OS）+D】组合键取消选择，如图9-67所示。

图9-66

图9-67

[11] 执行【选择】>【载入选区】命令，将"选区01"载入，然后执行【选择】>【修改】>【扩展】命令，在弹出对话框中设置【扩展量】为"10"像素，单击【确定】按钮，按【Ctrl（Windows）/Command（Mac OS）+Shift+I】组合键将选区反选，按【Delete】键删除选区内容，按【Ctrl（Windows）/Command（Mac OS）+D】组合键取消选择，如图9-68所示。

[12] 执行【视图】>【显示】>【网格】命令，取消网格显示，隐藏"背景图层"，得到最终效果，如图9-69所示。

图9-68

图9-69

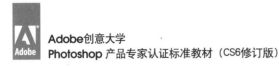

可以使用Photoshop的其他工具继续对图像进行编辑，对图像和画面进行调整和美化，做出更漂亮、更精美的封面效果。

9.7　本章小结

本章主要讲解文字和矢量工具，能让用户学会创建和编辑文字，会设置文字的段落样式。通过对路径的讲解能够让用户学会使用钢笔工具绘制路径，同时能正确地转换路径上的锚点，以此来创建边缘复杂的路径；学会使用路径生成选区，用来抠取复杂的图像。

9.8　本章习题

使用【钢笔工具】将图9-70所示的图片中的人物抠取出来，然后复制到图9-71所示的图像上。要求抠取人物边缘要细致，保留图像细节，复制图像后，调整图像大小并放到合适位置。

📹　重点难点提示

使用【钢笔工具】调整方向线的方向。

使用【转换点工具】调整路径。

将路径生成选区。

图9-70

图9-71

第10章

滤镜

滤镜是Photoshop中神奇的功能之一，同时也是最具有吸引力的功能，通过滤镜功能，能为图像创建各种不同的效果，能让普通的图像瞬间成为具有视觉冲击力的艺术品，犹如魔术师在舞台上变魔术一样，把我们带到一个神奇而又充满魔幻色彩的图像世界。

本章学习要点

→ 了解【滤镜】菜单中各种命令放置的位置

→ 了解滤镜组中每个滤镜的特点

→ 学会通过使用滤镜为图像创建特殊效果

10.1 滤镜基础知识

使用滤镜可以清除和修饰照片，能够为图像提供各种特殊的艺术效果，还可以使用扭曲滤镜创建图像变形。

10.1.1 滤镜的种类

滤镜原来是一种摄影器材，它是安装在照相机前面用来改变照片拍摄方式的一种器材，在拍摄的同时可以产生特殊的拍摄效果。Photoshop 滤镜是一种插件模块，用来操作图像中的像素。

按照功能来划分，在Photoshop中滤镜的种类一共分为三种类型。第一种是修改类型的滤镜，此类滤镜可以修改图像中的像素，如扭曲、素描等滤镜；第二种是复合类型的滤镜，具有自己的操作方法；第三种是特殊类型的滤镜，只有一个【云彩】滤镜，它不需要修改图像中的任何像素就可以生成云彩的效果。

按照其存放位置划分，Photoshop滤镜基本可以分为三个部分：内阙滤镜、内置滤镜（也就是Photoshop自带的滤镜）、外挂滤镜（也就是第三方滤镜）。内阙滤镜指内阙于Photoshop程序内部的滤镜，共有6组24个滤镜。内置滤镜指Photoshop缺省安装时，Photoshop安装程序自动安装到pluging目录下的滤镜，共12组72个滤镜。外挂滤镜就是除上面两种滤镜以外，由第三方厂商为Photoshop所生产的滤镜，它们不仅种类齐全，品种繁多而且功能强大，同时版本与种类也在不断升级与更新。

10.1.2 滤镜的用途

Photoshop中滤镜最主要的用途有两种。

第一种是用来让原图像产生特殊效果，例如可以制作风格化、画笔描边、模糊、像素化、扭曲等一些特殊的效果。这种类型的滤镜数量最多，基本上是通过【滤镜库】来应用和管理的。

第二种主要用于图像文件的修改，如提高图像清晰度、让图像变得更加模糊、减少图像中的杂色让图像显示出高质量感觉等，这些滤镜分别放置在【模糊】、【锐化】、【杂色】等滤镜组中。

另外，【液化】、【消失点】、【镜头校正】中的滤镜比较特殊，其功能也比较强大，分别有着自己特殊的操作方法，像是独立的软件，所以不放在其他分组里面，而是被单独的放置。

10.1.3 滤镜的使用方法

使用滤镜处理图像时，首先应选择该图层，同时保持图层的状态为可见。如果在图像中创建了选区，则滤镜只能处理选区内的图像，如果没有创建选区，则处理整个图层上的图像，如图10-1所示。

滤镜工具也可以处理图层蒙版和通道以及快速蒙版。它是以像素为单位进行计算的，运用相同的滤镜，处理不同分辨率大小的图像，所得到的效果也不相同。

图10—1

在【滤镜】菜单下，有些滤镜的命令状态会显示为灰色，表示该滤镜功能不能被正常使用，造成这种现象的原因主要是图像模式的问题。在Photoshop中，有的滤镜不支持CMYK模式，却支持RGB模式。位图和索引模式的图像不支持任何滤镜效果。如果对位图、索引和CMYK模式的图像加载滤镜命令，首先要将其转换成RGB模式，再用滤镜处理。

10.2 滤镜库

滤镜库可提供许多特殊效果滤镜的预览。用户可以应用多个滤镜、打开或关闭滤镜的效果、复位滤镜的选项以及更改应用滤镜的顺序。如果对预览效果感到满意，则可以将它应用于图像。滤镜库并不提供【滤镜】菜单中的所有滤镜。执行【滤镜】>【滤镜库】命令，弹出【滤镜库】对话框，如图10-2所示。

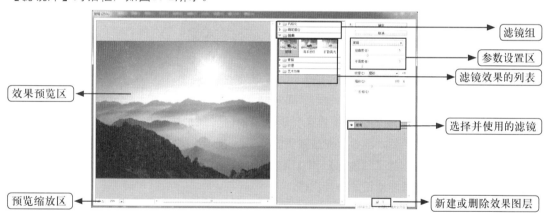

图10—2

【效果预览区】：用来查看图像生成的滤镜效果。

【滤镜组】：用来存放和管理各种风格各异的滤镜。

【参数设置区】：用来修改滤镜的显示效果。

【选择并使用的滤镜】：显示已经使用过的滤镜工具，当用户使用过多个滤镜后，会将使用过的滤镜在列表框依次列出，用户可以通过单击滤镜前面的"👁"图标，来实现滤镜的显示与隐藏。

【新建或删除效果图层】：用来新建或者是删除滤镜效果图层。

【预览缩放区】：用来放大或缩小图像预览区中的图像大小比例。

10.3　智能滤镜

　　智能滤镜是一种非破坏性滤镜，可以达到与普通滤镜一模一样的效果，但智能滤镜是作为图层效果出现在【图层】调板上的，因为不会改变图像中的任意像素，同时可以随时修改参数或者删除。

　　在Photoshop中，智能滤镜是一种非破坏性滤镜，它将滤镜效果应用于智能对象上，不会破坏对象的原始数据。如图10-3所示为应用智能滤镜实现的效果，观察【图层】调板可以看到它与普通滤镜的不同。

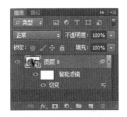

图10—3

　　智能滤镜含有一个图层样式列表，列表中包含使用过的各个滤镜，单击智能滤镜前面的"▣"图标，可以将滤镜效果隐藏，也可以将滤镜效果删除，将滤镜效果删除之后，图像就可以恢复到原始状态，如图10-4所示。

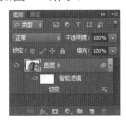

图10—4

　　普通滤镜则是通过修改图像的像素来实现效果的，当加载滤镜后，会修改原来的图像信息，一旦将文件保存关闭后，图像就无法恢复到原来状态。

　　在【滤镜】菜单中，除了【液化】和【消失点】滤镜之外，其他滤镜都可以作为智能滤镜使用，其中也包括支持智能滤镜的外挂滤镜。

10.4　风格化滤镜组

　　【风格化】滤镜通过置换像素查找并增加图像的对比度，可以使选区中生成绘画或印象派艺术效果。在使用【查找边缘】和【等高线】等突出显示边缘的滤镜后，可应用【反相】命令用彩色线条勾勒彩色图像的边缘或用白色线条勾勒灰度图像的边缘。

10.4.1　扩散

　　根据选择【模式】选项组中的单选按钮搅乱选区中的像素以虚化焦点：【正常】使像素随

机移动（忽略颜色值）；【变暗优先】用较暗的像素替换亮的像素；【变亮优先】用较亮的像素替换暗的像素；【各向异性】在颜色变化最小的方向上搅乱像素，如图10-5所示为【扩散】滤镜效果。

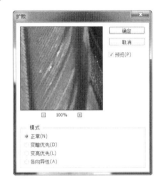 

图10—5

10.4.2 / 浮雕效果

通过将选区的填充色转换为灰色，并用原填充色描画图像边缘轮廓，从而使选区显得凸起或压低。选项包括浮雕角度（-360°～+360°，-360°使表面凹陷，+360°使表面凸起）、高度和选区中颜色数量的百分比（1%～500%）。要在进行浮雕处理时保留颜色和细节，在应用【浮雕效果】滤镜之后执行【渐隐】命令。如图10-6所示为【浮雕效果】滤镜效果。

图10—6

10.4.3 / 凸出

【凸出】滤镜赋予选区或图层一种 3D 纹理效果，能将图像分成大小相同而且按照一定规则放置的立方体或者是椎体，图像将产生三维的效果，如图10-7所示。

图10—7

10.4.4 / 查找边缘与照亮边缘

【查找边缘】滤镜用显著的转换标识图像的区域，并突出边缘。像【等高线】滤镜一样，【查找边缘】滤镜用相对于白色背景的黑色线条勾勒图像的边缘，这对生成图像周围的边界非常有用，如图10-8所示。

【照亮边缘】滤镜用于标识颜色的边缘，并向其添加类似霓虹灯的光亮，如图10-9所示。

图10-8　　　　　　　　　图10-9

10.4.5 / 曝光过度与拼贴

【曝光过度】滤镜用于混合负片和正片图像，类似于显影过程中将摄影照片短暂曝光，如图10-10所示。

【拼贴】滤镜用于将图像分解为一系列拼贴，使选区偏离其原来的位置。可以选择【填充空白区域用】选项组中的单选按钮填充拼贴之间的区域：【背景色】、【前景颜色】、【反相图像】和【未改变的图像】，它们使拼贴的版本位于原版本之上并露出原图像中位于拼贴边缘下面的部分，如图10-11所示。

图10-10　　　　　　　　图10-11

10.4.6 / 等高线与风

【等高线】滤镜用于查找主要亮度区域的转换，并为每个颜色通道淡淡地勾勒主要亮度区域的转换，以获得与等高线图中的线条相类似的效果，如图10-12所示。

【风】滤镜用于在图像中放置细小的水平线条来获得风吹的效果，如图10-13所示。【方法】包括【风】、【大风】（用于获得更生动的风效果）和【飓风】。

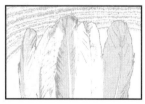 

图10-12　　　　　　　　图10-13

10.4.7 / 实战案例——马赛克拼贴图

01 打开"素材/第10章/海底世界.jpg",如图10-14所示。然后将图像复制一层,如图10-15所示。

图10-14　　　　　　　　　　图10-15

02 选择新复制的图层,执行【滤镜】>【素描】>【半调图案】命令,在弹出的对话框中设置参数,如图10-16所示,单击【确定】按钮,将该图层的图层模式设置为【正片叠底】,效果如图10-17所示。

图10-16　　　　　　　　　　图10-17

03 为图像添加一个模拟光照效果。执行【滤镜】>【渲染】>【镜头光晕】命令,弹出【镜头光晕】对话框,在【镜头光晕】对话框中设置参数,如图10-18所示。设置完毕单击【确定】按钮。效果如图10-19所示。

图10-18　　　　　　　　　　图10-19

04 执行【滤镜】>【纹理】>【马赛克拼贴】命令,在弹出的【马赛克拼贴】对话框中设置参数,如图10-20所示,然后单击【确定】按钮,最终效果如图10-21所示。

图10-20　　　　　　　　　　图10-21

10.5　画笔描边滤镜组

【画笔描边】滤镜组使用不同的画笔和油墨描边效果创造出绘画效果的外观。有些滤镜添加颗粒、绘画、杂色、边缘细节或纹理。

10.5.1　强化的边缘

【强化的边缘】滤镜强化图像边缘。设置高的边缘亮度控制值时，强化效果类似白色粉笔；设置低的边缘亮度控制值时，强化效果类似黑色油墨，如图10-22所示。

图10—22

10.5.2　成角的线条与阴影线

【成角的线条】滤镜使用对角描边重新绘制图像，用相反方向的线条来绘制亮区和暗区，如图10-23所示。

【阴影线】滤镜用于保留原始图像的细节和特征，同时使用模拟的铅笔阴影线添加纹理，并使彩色区域的边缘变粗糙，如图10-24所示。

图10—23　　　　　　　　图10—24

10.5.3　深色线条与墨水轮廓

【深色线条】滤镜使用短的、绷紧的深色线条绘制暗区；用长的白色线条绘制亮区，如图10-25所示。

【墨水轮廓】滤镜是以钢笔画的风格，用纤细的线条在原细节上重绘图像，如图10-26所示。

图10—25　　　　　　　　图10—26

10.5.4 / 喷溅、烟灰墨与喷色描边

【喷溅】滤镜是模拟喷溅喷枪的效果，如图10-27所示。

【烟灰墨】滤镜是以日本画的风格绘画图像，看起来像是用蘸满油墨的画笔在宣纸上绘画。烟灰墨使用非常黑的油墨来创建柔和的模糊边缘，如图10-28所示。

【喷色描边】滤镜是使用图像的主导色，用成角的、喷溅的颜色线条重新绘画图像，如图10-29所示。

图10-27   图10-28   图10-29

10.6 模糊滤镜组

【模糊】滤镜组柔化选区或整个图像，这对于修饰非常有用。它们通过平衡图像中已定义的线条和遮蔽区域的清晰边缘旁边的像素，使变化显得柔和。要将【模糊】滤镜组应用到图层边缘，首先应该取消选择【图层】调板中的【锁定透明像素】选项。

10.6.1 / 模糊与进一步模糊

【模糊】滤镜在图像中有显著颜色变化的地方消除杂色。通过平衡已定义的线条和遮蔽区域的清晰边缘旁边的像素，使变化显得柔和。

【进一步模糊】滤镜的效果比【模糊】滤镜强3～4倍，如图10-30所示。

图10-30

10.6.2 / 方框模糊与高斯模糊

【方框模糊】滤镜是基于相邻像素的平均颜色值来模糊图像，此滤镜用于创建特殊效果。可以调整用于计算给定像素的平均值的区域大小，半径越大，产生的模糊效果越好，如图10-31所示。

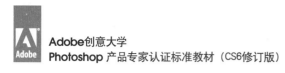
【高斯模糊】滤镜可调整【半径】数值快速模糊选区。高斯模糊是指当 Photoshop 将加权平均应用于像素时生成的钟形曲线。【高斯模糊】滤镜添加低频细节，并产生一种朦胧效果，如图10-32所示。

图10—31　　　　　　　　　　　图10—32

10.6.3 / 镜头模糊与动感模糊

【镜头模糊】滤镜是指向图像中添加模糊以产生更窄的景深效果，以便使图像中的一些对象在焦点内，而使另一些区域变模糊，如图10-33所示。

【动感模糊】滤镜会沿指定方向（-360°～+360°）以指定强度（1～999）进行模糊。此滤镜的效果类似于以固定的曝光时间给一个移动的对象拍照，如图10-34所示。

图10—33　　　　　　　　　　　图10—34

10.6.4 / 平均

【平均】滤镜用于找出图像或选区的平均颜色，然后用该颜色填充图像或选区以创建平滑的外观，如图10-35所示。

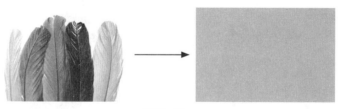

图10—35

10.6.5 / 径向模糊与形状模糊

【径向模糊】滤镜是模拟缩放或旋转的相机所产生的模糊，从而产生一种柔化的模糊，如图10-36所示。选择【旋转】单选按钮，沿同心圆环线模糊，然后指定旋转的度数。选择【缩放】单选按钮，沿径向线模糊，好像是在放大或缩小图像，然后指定1～100之间的值。模糊的【品质】范围从【草图】到【好】和【最好】。【草图】产生最快但为颗粒状的显示效果，

【好】和【最好】产生比较平滑的效果，除非在大选区上，否则看不出这两种品质的区别。通过拖动【中心模糊】框中的图案，指定模糊的原点。

【形状模糊】滤镜使用指定的内核来创建模糊。从自定形状预设列表框中选择一种内核。通过单击右侧的向右三角按钮并从弹出的菜单中进行选择，可以载入不同的形状库。拖动【半径】滑块来调整其大小，半径决定了内核的大小，内核越大，模糊效果越好，如图 10-37 所示。

图10—36　　　　　　　　　　图10—37

10.6.6 特殊模糊与表面模糊

【特殊模糊】滤镜用于精确地模糊图像。可以指定半径、阈值和模糊品质，半径值确定在其中搜索不同像素的区域大小。也可以为整个选区设置模式，或为颜色转变的边缘设置【仅限边缘】和【叠加边缘】模式。在对比度显著的地方，【仅限边缘】模式应用黑白混合的边缘，而【叠加边缘】模式应用白色的边缘，如图10-38所示。

【表面模糊】滤镜用于保留边缘的同时模糊图像。此滤镜用于创建特殊效果并消除杂色或粒度。【半径】选项指定模糊取样区域的大小。【阈值】选项控制相邻像素色调值与中心像素值相差大时才能成为模糊的一部分。色调值差小于阈值的像素被排除在模糊之外，如图10-39所示。

图10—38　　　　　　　　　　图10—39

10.7 扭曲滤镜组

【扭曲】滤镜组将图像进行几何扭曲，创建3D或其他整形效果。这些滤镜可能占用大量内存。【扩散亮光】、【玻璃】和【海洋波纹】滤镜可以通过滤镜库来应用。

10.7.1 扩散亮光与置换

【扩散亮光】滤镜将图像渲染成像是透过一个柔和的扩散滤镜来观看的。此滤镜添加透明的白杂色，并从选区的中心向外渐隐亮光，如图10-40所示。

【置换】滤镜使用名为置换图的图像确定如何扭曲选区，如图10-41所示。

图10—40　　　　　　　　　　　图10—41

10.7.2 玻璃与海洋波纹

【玻璃】滤镜使图像显得像是透过不同类型的玻璃来观看的。可以选择玻璃效果或创建自己的玻璃表面（存储为 Photoshop 文件）并加以应用。可以调整缩放、扭曲和平滑度设置，如图10-42所示。

【海洋波纹】滤镜将随机分隔的波纹添加到图像表面，使图像看上去像是在水中，如图10-43所示。

图10—42　　　　　　　　　　　图10—43

10.7.3 挤压与极坐标

【挤压】滤镜用于挤压选区，如图10-44所示。正值（最大值是 100%）将选区向中心移动；负值（最小值是 -100%）将选区向外移动。

【极坐标】滤镜根据选择不同的单选按钮，将选区从平面坐标转换到极坐标，或将选区从极坐标转换到平面坐标，如图10-45所示。可以使用此滤镜创建圆柱变体（18 世纪流行的一种艺术形式），当在镜面圆柱中观看圆柱变体中扭曲的图像时，图像是正常的。

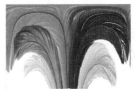

图10—44　　　　　　　　　　　图10—45

10.7.4 波纹与切变

【波纹】滤镜在选区上创建波状起伏的图案，像水池表面的波纹，如图10-46所示。要进一步进行控制，使用【波浪】滤镜。选项包括波纹的【数量】和【大小】。

【切变】滤镜沿一条曲线扭曲图像。通过拖动框中的线条来指定曲线，可以调整曲线上的任何一点，如图10-47所示。

图10—46　　　　　　　　　　　　　图10—47

10.7.5 球面化与旋转扭曲

【球面化】滤镜通过将选区折成球形、扭曲图像以及伸展图像以适合选中的曲线，使对象具有 3D 效果，如图10-48所示。

【旋转扭曲】滤镜可以旋转选区，中心的旋转程度比边缘的旋转程度大。指定角度时可生成旋转扭曲图案，如图10-49所示。

图10—48　　　　　　　　　　　　　图10—49

10.7.6 波浪与水波

【波浪】滤镜工作方式类似于【波纹】滤镜，但可进行进一步地控制，如图10-50所示。选项包括【生成器数】、【波长】（从一个波峰到下一个波峰的距离）、【波浪幅】和【类型】。【类型】中包括【正弦】（滚动）、【三角形】和【方形】单选按钮。单击【随机化】按钮应用随机值。可以定义未扭曲的区域。

【水波】滤镜是根据选区中像素的半径将选区径向扭曲，如图10-51所示。【起伏】选项设置水波方向从选区的中心到其边缘的反转次数。在【样式】下拉列表框中指定如何置换像素，【水池波纹】将像素置换到左上方或右下方；【从中心向外】向着或远离选区中心置换像素；而【围绕中心】围绕中心旋转像素。

图10—50　　　　　　　　　　　　　图10—51

10.8 锐化滤镜组

【锐化】滤镜组中一共有5种滤镜，可以通过增强相邻像素之间的对比度，来使图像变得清晰。

10.8.1 USM锐化

【USM锐化】滤镜只能锐化图像的边缘，然后保留总体的平滑度。在【USM锐化】对话框中，提供了以下选项，如图10-52所示。

图10-52

【数量】：用来调整锐化效果的程度，数值越高，锐化效果越突出。

【半径】：用来设置锐化范围的大小。

【阈值】：**用来调节相邻像素间的差值范围，数值越大被锐化的像素越少。**

在对图像进行锐化的同时，Photoshop会提高相邻两种颜色间边界相交处的对比度，使其边缘更加明显，看上去更清晰，从而实现锐化的效果。

10.8.2 锐化与进一步锐化

【锐化】滤镜的原理是通过增加像素间的对比度来让图像变得更清楚。其缺点是锐化效果不大明显。

【进一步锐化】滤镜与【锐化】滤镜的效果相似，就像是在【锐化】滤镜效果的基础上再重复使用锐化。在操作查看滤镜效果的时候，最好能将窗口放大100%，这样能够更好地查看锐化的预览效果。

10.8.3 智能锐化

【智能锐化】滤镜与【USM锐化】滤镜效果基本一样，其比较独特的锐化选项是可以选择锐化的运算方式等，如图10-53所示。

 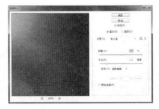 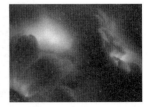

图10-53

10.9 视频滤镜组

【视频】滤镜组包含【逐行】滤镜和【NTSC 颜色】滤镜。

【逐行】：通过移去视频图像中的奇数或偶数隔行线，使在视频上捕捉的运动图像变得平滑。可以选择通过复制或差值来替换扔掉的线条。

【NTSC 颜色】：将色域限制在电视机重现可接受的范围内，以防止过多饱和颜色渗到电视扫描行中。

10.10 素描滤镜组

【素描】滤镜组中的滤镜将纹理添加到图像上，通常用于获得 3D 效果。这些滤镜还适用于创建美术或手绘外观。许多素描滤镜在重绘图像时使用前景色和背景色。可以通过滤镜库来应用所有素描滤镜。

【基底凸现】：变换图像，使之呈现浮雕的雕刻状和突出光照下变化各异的表面。图像的暗区呈现前景色，而浅色使用背景色。

【粉笔和炭笔】：重绘高光和中间调，并使用粗糙粉笔绘制纯中间调的灰色背景。阴影区域用黑色对角炭笔线条替换。炭笔用前景色绘制，粉笔用背景色绘制。

【炭笔】：产生色调分离的涂抹效果。主要边缘以粗线条绘制，而中间色调用对描边进行素描。炭笔是前景色，背景是纸张颜色。

【铬黄】：渲染图像，就好像它具有擦亮的铬黄表面。高光在反射表面上是高点，阴影是低点。应用此滤镜后，使用【色阶】对话框可以增加图像的对比度。

【炭精笔】：在图像上模拟浓黑和纯白的炭精笔纹理。【炭精笔】滤镜在暗区使用前景色，在亮区使用背景色。为了获得更逼真的效果，可以在应用滤镜之前将前景色改为一种常用的炭精笔颜色（黑色、深褐色或血红色）。要获得减弱的效果，将背景色改为白色，在白色背景中添加一些前景色，然后再应用滤镜。

【绘图笔】：使用细的、线状的油墨描边以捕捉原图像中的细节。对于扫描图像，效果尤其明显。此滤镜使用前景色作为油墨，并使用背景色作为纸张，以替换原图像中的颜色。

【半调图案】：在保持连续的色调范围的同时，模拟半调网屏的效果。

【便条纸】：创建像是用手工制作的纸张构建的图像。此滤镜简化了图像，并结合使用【风格化】滤镜组中的【浮雕效果】和【纹理】滤镜组中的【颗粒】滤镜的效果。图像的暗区显示为纸张上层中的洞，使背景色显示出来。

【影印】：模拟影印图像的效果。大的暗区趋向于只拷贝边缘四周，而中间色调要么纯黑色，要么纯白色。

【石膏效果】：按 3D 塑料效果塑造图像，然后使用前景色与背景色为结果图像着色。暗区凸起，亮区凹陷。

【网状】：模拟胶片乳胶的可控收缩和扭曲来创建图像，使之在阴影呈结块状，在高光呈轻微颗粒化。

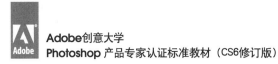
【图章】：简化了图像，使之看起来就像是用橡皮或木制图章创建的一样。此滤镜用于黑白图像时效果最佳。

【撕边】：重建图像，使之由粗糙、撕破的纸片状组成，然后使用前景色与背景色为图像着色。对于文本或高对比度对象，此滤镜尤其有用。

【水彩画纸】：利用有污点的像画在潮湿的纤维纸上的涂鸦，使颜色流动并混合。

如图10-54所示为【素描】滤镜组中各个滤镜应用的对比效果图。

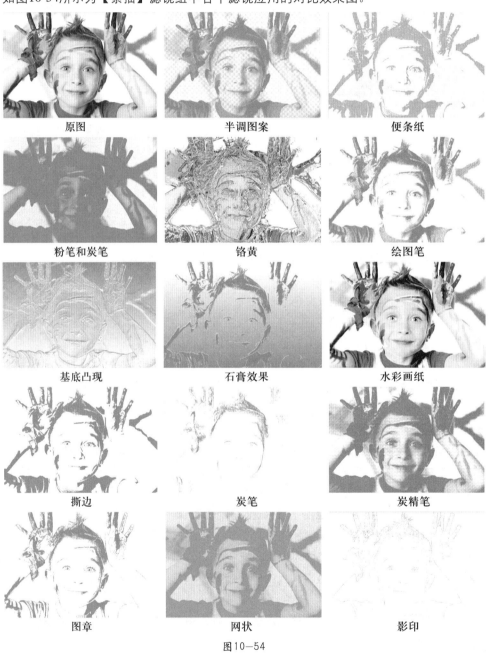

原图	半调图案	便条纸
粉笔和炭笔	铬黄	绘图笔
基底凸现	石膏效果	水彩画纸
撕边	炭笔	炭精笔
图章	网状	影印

图10-54

10.11 纹理滤镜组

【纹理】滤镜组的滤镜可以模拟具有深度感或物质感的外观，或增加一种器质外观。

【龟裂缝】：将图像绘制在一个高凸现的石膏表面上，以遵循图像等高线生成精细的网状裂缝。使用此滤镜可以对包含多种颜色值或灰度值的图像创建浮雕效果。

【颗粒】：通过模拟以下不同种类的颗粒在图像中添加纹理：常规、软化、喷洒、结块、强反差、扩大、点刻、水平、垂直和斑点（可从【颗粒类型】下拉列表框中进行选择）。

【马赛克拼贴】：渲染图像，使它看起来是由小的碎片或拼贴组成，然后在拼贴之间灌浆。

【拼缀图】：将图像分解为用图像中该区域的主色填充的正方形。此滤镜随机减小或增大拼贴的深度，以模拟高光和阴影。

【染色玻璃】：将图像重新绘制为用前景色勾勒的单色的相邻单元格。

【纹理化】：将选择或创建的纹理应用于图像。

图10-55所示为【纹理】滤镜组中各个滤镜应用的对比效果图。

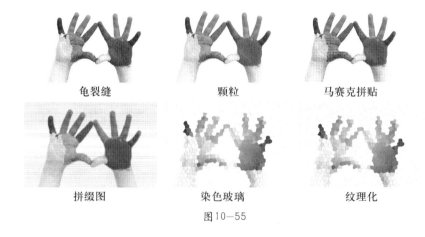

龟裂缝	颗粒	马赛克拼贴
拼缀图	染色玻璃	纹理化

图10—55

10.12 像素化滤镜组

【像素化】滤镜组中的滤镜通过使单元格中颜色值相近的像素结成块来清晰地定义一个选区。

【彩色半调】：模拟在图像的每个通道上使用放大的半调网屏的效果。对于每个通道，滤镜将图像划分为矩形，并用圆形替换每个矩形，圆形大小与矩形的亮度成比例。

【晶格化】：使像素结块形成多边形纯色。

【彩块化】：使纯色或相近颜色的像素结成相近颜色的像素块。可以使用此滤镜使扫描的图像看起来像手绘图像，或使现实主义图像类似抽象派绘画。

【碎片】：创建选区中像素的4个副本，将它们平均，并使其相互偏移。

【铜版雕刻】：将图像转换为黑白区域的随机图案或彩色图像中完全饱和颜色的随机图案。

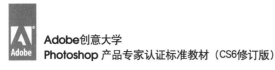

【马赛克】：使像素结为方形块。给定块中的像素颜色相同，块颜色代表选区中的颜色。

【点状化】：将图像中的颜色分解为随机分布的网点，如同点状化绘画一样，并使用背景色作为网点之间的画布区域。

如图10-56和图10-57所示为【像素化】滤镜组中各个滤镜应用的对比效果图。

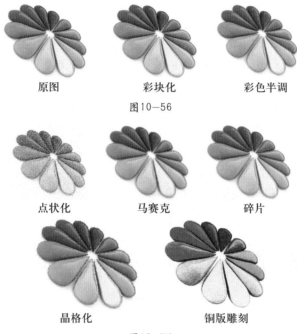

图10—56

图10—57

10.13 渲染滤镜组

【渲染】滤镜组在图像中创建 3D 形状、云彩图案、折射图案和模拟的光反射。也可在 3D 空间中操纵对象，创建 3D 对象（立方体、球面和圆柱），并从灰度文件创建纹理填充以产生类似 3D 的光照效果。

【云彩】：使用介于前景色与背景色之间的随机值，生成柔和的云彩图案。要生成色彩较为分明的云彩图案，按住【Alt（Windows）/Option（Mac OS）】键，然后选【滤镜】>【渲染】>【云彩】命令。当应用【云彩】滤镜时，现用图层上的图像数据会被替换，如图10-58所示。

图10—58

【分层云彩】：使用随机生成的介于前景色与背景色之间的值，生成云彩图案。此滤镜将云彩数据和现有的像素混合，其方式与【差值】模式混合颜色的方式相同。第一次选择此滤镜时，图像的某些部分被反相为云彩图案。应用此滤镜几次之后，会创建出与大理石的纹理相似的凸缘与叶脉图案。当应用【分层云彩】滤镜时，现用图层上的图像数据会被替换。

【纤维】：使用前景色和背景色创建编织纤维的外观。可以使用【差异】滑块来控制颜色的变化方式，较低的值会产生较长的颜色条纹；而较高的值会产生非常短且颜色分布变化更大的纤维。【强度】滑块控制每根纤维的外观，低设置会产生松散的织物，而高设置会产生短的绳状纤维。单击【随机化】按钮可能改图案的外观，可多次单击该按钮，直到出现喜欢的图案。当应用【纤维】滤镜时，现用图层上的图像数据会被替换。

【光照效果】：可以通过改变 17 种光照样式、3 种光照类型和 4 套光照属性，在 RGB 图像上产生无数种光照效果。还可以使用灰度文件的纹理（称为凹凸图）产生类似 3D 的效果，并存储自己的样式以在其他图像中使用。不同光照效果如图10-59和图10-60所示。

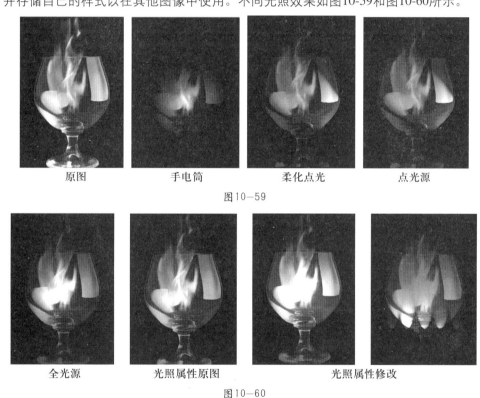

原图	手电筒	柔化点光	点光源

图10-59

全光源	光照属性原图	光照属性修改

图10-60

10.14 艺术效果滤镜组

【艺术效果】滤镜组中的滤镜可以为美术或商业项目制作绘画效果或艺术效果。例如，将【木刻】滤镜用于拼贴或印刷。这些滤镜模仿自然或传统介质效果。可以通过【滤镜库】来应用所有【艺术效果】滤镜。

【彩色铅笔】：使用彩色铅笔在纯色背景上绘制图像。保留边缘，外观呈粗糙阴影线；纯

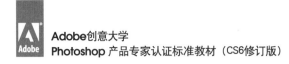
色背景色透过比较平滑的区域显示出来。

【木刻】：使图像看上去好像是从彩纸上剪下的边缘粗糙的剪纸片组成的。高对比度的图像看起来呈剪影状，而彩色图像看上去是由几层彩纸组成的。

【干画笔】：使用干画笔技术（介于油彩和水彩之间）绘制图像边缘。此滤镜通过将图像的颜色范围降到普通颜色范围来简化图像。

【胶片颗粒】：将平滑图案应用于阴影和中间色调。将一种更平滑、饱和度更高的图案添加到亮区。在消除混合的条纹和将各种来源的图案在视觉上进行统一时，此滤镜非常有用。

【壁画】：使用短而圆的、粗略涂抹的小块颜料，以一种粗糙的风格绘制图像。

【霓虹灯光】：将各种类型的灯光添加到图像中的对象上。此滤镜用于在柔化图像外观时给图像着色。要选择一种发光颜色，单击发光框，并从拾色器中选择一种颜色。

【绘画涂抹】：可以选择各种大小（从1～50）和类型的画笔来创建绘画效果。【画笔类型】下拉列表框中包括【简单】、【未处理光照】、【未处理深色】、【宽锐化】、【宽模糊】和【火花】。

【调色刀】：减少图像中的细节，生成描绘得很淡的画布效果，以显示出下面纹理。

【塑料包装】：给图像涂上一层光亮的塑料，以强调表面细节。

【海报边缘】：根据设置的海报化选项减少图像中的颜色数量（对其进行色调分离），并查找图像的边缘，在边缘上绘制黑色线条。大而宽的区域有简单的阴影，而细小的深色细节遍布图像。

【粗糙蜡笔】：在带纹理的背景上应用粉笔描边。在亮色区域，粉笔看上去很厚，几乎看不见纹理；在深色区域，粉笔似乎被擦去了，使纹理显露出来。

【涂抹棒】：使用短的对角描边涂抹暗区以柔化图像。

【海绵】：使用颜色对比强烈、纹理较重的区域创建图像，以模拟海绵绘画的效果。

【底纹效果】：在带纹理的背景上绘制图像，然后将最终图像绘制在该图像上。

【水彩】：以水彩的风格绘制图像，使用蘸了水和颜料的中号画笔绘制以简化细节。当边缘有显著的色调变化时，此滤镜会使颜色更饱满。

如图10-61和图10-62所示为【艺术效果】滤镜组中各个滤镜应用的对比效果图。

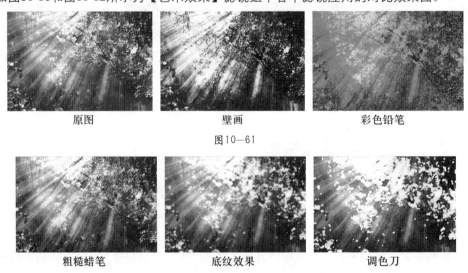

原图　　　　　壁画　　　　　彩色铅笔

图10-61

粗糙蜡笔　　　　底纹效果　　　　调色刀

海报边缘

塑料包装

霓虹灯光

图10—62

10.15 杂色滤镜组

【杂色】滤镜组用于添加或移去杂色或带有随机分布色阶的像素。这有助于将选区混合到周围的像素中。杂色滤镜可创建与众不同的纹理或移去有问题的区域，如灰尘和划痕。

【添加杂色】：将随机像素应用于图像，模拟在高速胶片上拍照的效果。也可以使用【添加杂色】滤镜来减少羽化选区或渐进填充中的条纹，或使经过重大修饰的区域看起来更真实。杂色【分布】选项组中包括【平均分布】和【高斯分布】单选按钮。【平均分布】使用随机数值（介于0以及正/负指定值之间）分布杂色的颜色值以获得细微效果。【高斯分布】沿一条钟形曲线分布杂色的颜色值以获得斑点状的效果。选中【单色】复选框将此滤镜只应用于图像中的色调元素，而不改变颜色。

【去斑】：检测图像的边缘（发生显著颜色变化的区域）并模糊除那些边缘外的所有选区。该模糊操作会移去杂色，同时保留细节。

【蒙尘与划痕】：通过更改相异的像素减少杂色。为了在锐化图像和隐藏瑕疵之间取得平衡，可拖动【半径】与【阈值】滑块得到各种组合。或者，将滤镜应用于图像中的选定区域。

【中间值】：通过混合选区中像素的亮度来减少图像的杂色。此滤镜搜索像素选区的半径范围以查找亮度相近的像素，扔掉与相邻像素差异太大的像素，并用搜索到的像素的中间亮度值替换中心像素。此滤镜在消除或减少图像的动感效果时非常有用。

【减少杂色】：在基于影响整个图像或各个通道的设置保留边缘的同时减少杂色。

如图10-63所示为【杂色】滤镜组中各个滤镜应用的对比效果图。

原图

添加杂色

蒙尘与划痕

减少杂色 　　　　　　　去斑 　　　　　　　中间值

图10-63

10.16 其他滤镜

在此滤镜组中，允许用户创建自己的滤镜、使用滤镜修改蒙版、在图像中使选区发生位移和快速调整颜色。

【自定】：可以设计自己的滤镜效果。使用【自定】滤镜，根据预定义的数学运算（称为卷积），可以更改图像中每个像素的亮度值。根据周围的像素值为每个像素重新指定一个值。

【高反差保留】：在有强烈颜色转变发生的地方按指定的半径保留边缘细节，并且不显示图像的其余部分（0.1像素半径仅保留边缘像素）。此滤镜移去图像中的低频细节，与【高斯模糊】滤镜的效果恰好相反。

在使用【阈值】命令或将图像转换为位图模式之前，将【高反差保留】滤镜应用于连续色调的图像将很有帮助。此滤镜对于从扫描图像中取出的艺术线条和大的黑白区域非常有用。

【最小值】和【最大值】：对于修改蒙版非常有用。【最大值】滤镜有应用阻塞的效果，展开白色区域和阻塞黑色区域。【最小值】滤镜有应用伸展的效果，展开黑色区域和收缩白色区域。与【中间值】滤镜一样，【最大值】和【最小值】滤镜针对选区中的单个像素。在指定半径内，【最大值】和【最小值】滤镜用周围像素的最高或最低亮度值替换当前像素的亮度值。

【位移】：将选区移动到指定的水平量或垂直量，而选区的原位置变成空白区域。可以用当前背景色、图像的另一部分填充这块区域，或者如果选区靠近图像边缘，也可以使用所选择的填充内容进行填充。

10.17 液化与消失点滤镜

【液化】滤镜用于将图像的任意区域进行推、拉、折叠、旋转、膨胀等处理，以此来创建扭曲的效果。如图10-64所示为使用【液化】滤镜创建的几种图像效果。

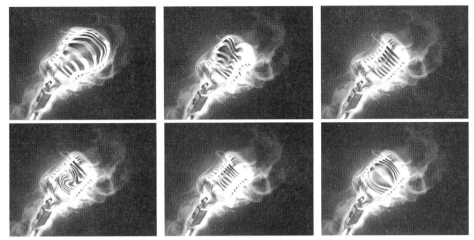

图10—64

通过使用【消失点】滤镜，可以在编辑包含透视平面（例如，建筑物的侧面或任何矩形对象）的图像时保留正确的透视。如图10-65所示为使用【消失点】滤镜中的【平面工具】和【图章工具】处理图像的结果。

图10—65

10.18 综合案例——制作玫色回忆

学习目的

本案例通过滤镜的使用制作特殊的图像效果，引导读者探索更多滤镜对图像效果的影响。

重点难点

1. 使用【滤镜库】中的【撕边】完成效果制作。

2.【滤镜】中【高斯模糊】的运用。

3. 在【图层样式】中设置图层混合模式。

本案例对花朵照片执行滤镜操作，制作出特殊的艺术效果，风格清新自然。

操作步骤

1.打开图片

打开Photoshop CS6软件，执行【文件】>【打开】命令，弹出【打开】对话框，单击【查找范围】右侧的下三角按钮，打开"素材/第10章/花.tif"文件，单击【打开】按钮，如图10-66所示。

图10—66

2.制作撕边效果

（1）在【图层】面板激活"背景"图层，单击鼠标右键，在弹出的选项中选择【复制图层】，如图10-67所示，弹出【图层复制】对话框，如图10-68所示，单击【确定】按钮，创建"背景副本"。

（2）在图层面板激活【背景副本】图层，执行【滤镜】>【滤镜库】命令，弹出【滤镜库】对话框，执行【素描】>【撕边】命令，如图10-69所示。

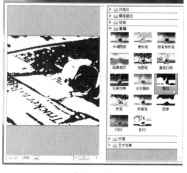

图10—67　　　　　　　　　　图10—68　　　　　　　　　　图10—69

（3）在【撕边】对话框右侧进行参数设置，在【图像平衡】输入框中输入参数为"45"；重复同样的步骤设置【平滑度】为"13"；【对比度为】为"19"，如图10-70所示，单击【确定】按钮，效果如图10-71所示。

图10—70　　　　　　　　　　　图10—71

（4）执行【图像】>【调整】>【反相】命令，效果如图10-72所示。

图10—72

3.混合图像

（1）双击"背景副本"图层左侧的"图层预览"图，如图10-73所示，弹出【图层样式】对话框，如图10-74所示。

图10—73　　　　　　　　　图10—74

（2）在【混合选项】一栏中，单击【混合模式】右侧的下三角，选择【柔光】，如图10-75所示，单击【确定】按钮，效果如图10-76所示。

图10—75　　　　　　　　　图10—76

（3）在【图层】面板双击"背景"图层，弹出【新建图层】对话框，如图10-77所示，单击【确定】按钮，将"背景"图层解锁。

图10—77

（4）执行【滤镜】＞【模糊】＞【高斯模糊】命令，弹出【高斯模糊】对话框，拖动【半径】设置进度条，设置【半径】为"2.0"像素，如图10-78所示，单击【确定】按钮。效果如图10-79所示。

图10—78　　　　　　　　　　　　　　　　　　图10—79

4. 制作文字效果

（1）在【图层】面板激活"图层0"，选择工具箱内的【横排文字工具】，如图10-80所示，在画布左下角输入三行字母，按【Ctrl+A】组合键全选字母，在【工具选项栏】单击【设置字体系列】下三角，选择"Lucade Calligraphy"，如图10-81所示，单击【设置字体大小】下三角，选择"8点"，如图10-82所示。

图10—80　　　　　　　　　　图10—81　　　　　　　　　　图10—82

（2）单击【设置文本颜色】按钮，如图10-83所示，弹出【拾色器（文本颜色）】对话框，在【R】右侧的方框内输入数值为"200"、【G】为"120"、【B】为"120"，如图10-84所示，单击【确定】按钮，效果如图10-85所示。

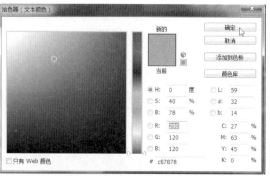

图10—83　　　　　　　　　　　　　　　图10—84

图10—85

5.保存文件

执行【文件】>【存储为】命令，弹出【存储为】对话框，在此对话框中设置保存路径，将【文件名】更改为"花"，然后单击【格式】下拉列表框右侧的下三角按钮，在展开的下拉菜单中选择"JPEG"选项，单击【保存】按钮。

【滤镜】的使用是照片处理的基本操作技能，本案例通过【滤镜】中"撕边"、"高斯模糊"等功能的运用，使学习者体会【滤镜】对图片效果的影响，加深对其应用的理解，引导学习者探索更多【滤镜】的应用，制作不同效果的图片，体味 Photoshop 运用于照片处理的乐趣。

10.19 本章小结

滤镜是Photoshop中最具有吸引力的功能，用来美化图像，通过对图像中像素的修改实现各种特殊的画面效果，能帮助设计师做出更多更好的作品。

10.20 本章练习

将如图10-86所示的风景照片使用滤镜功能处理成油画图像的效果。

重点难点提示

使用【曲线】命令、【色相/饱和度】命令调整图像。

使用【高斯模糊】滤镜、【彩块化】滤镜、【纹理化】滤镜制作油画效果。

图10—86

第11章
3D图像

使用3D功能可以很轻松地将3D模型引入到当前操作的Photoshop图像文件中，能将二维图像与三维图像有机地结合到一起，丰富画面。

在Photoshop CS6中，能够支持多种3D文件格式，可以创建、合并、编辑3D对象的形状和材质等。

本章学习要点

→ 了解3D对象的基本概念
→ 学会使用【对象旋转工具】和【相机旋转工具】
→ 掌握创建3D对象的方法和编辑纹理的方法

11.1 创建3D文件

在Photoshop中可以用创建文件命令来直接创建3D文件，而不用将要创建的模型在三维软件中建立然后再导入到Photoshop中。

11.1.1 从3D文件新建图层

在3D功能中，3D图层不能直接进行创建，执行【3D】>【从文件新建3D图层】命令，若弹出的对话框为灰色，则表示该命令不能被正常使用，同时所有创建命令都不能正确执行，如图11-1所示。

执行【3D】>【从3D文件新建图层】命令，弹出【打开】对话框，打开3D文件后，系统则会把3D文件作为图层直接创建。

使用【从3D文件新建图层】命令只能导入3D文件格式，例如，3D Studio（＊.3DS）、Collada（＊.DAE）、Google Earth 4（＊.KMZ）、U3D（＊.U3D）、Wavefront|OBJ（＊.OBJ），其他格式均不支持，如图11-2所示。

图11—1　　　　　　　　图11—2

11.1.2 从图层新建3D明信片

新建一个背景图层文件，在【3D】调板中选择【3D明信片】选项，单击调板下方的【创建】按钮可以将原来普通图层转换成3D图层模式，如图11-3所示；可以观察【图层】调板，这时显示选项中就增加了【纹理】和【漫射】工具，并且这两个工具已经发生变化，如图11-4所示。

图11—3　　　　　　　　图11—4

11.1.3 从图层新建形状

新建一个背景图层，在【3D】调板中选择【从预设创建网格】选项，通过子菜单中的命令可以创建锥形、立方体、立体环绕等多种图形。如图11-5所示为创建的部分3D对象。

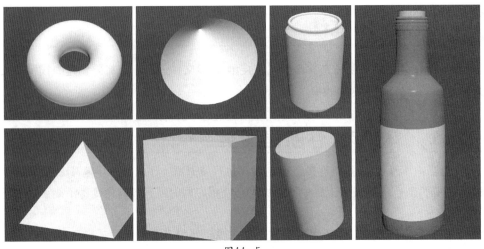

图11—5

11.1.4 从深度映射创建网格

新建背景图层，执行【3D】>【从图层新建网格】>【从深度映射创建网格】命令，通过子菜单中的命令可以创建平面、双面平面、圆柱体、球体4种3D对象，如图11-6所示。

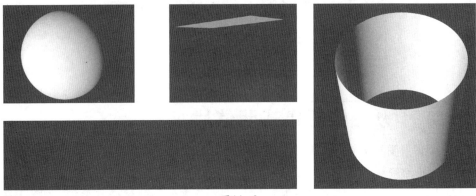

图11—6

11.2 3D工具

使用工具箱中的3D对象工具可以完成对3D对象的移动、旋转缩放等；使用3D相机工具可以完成对场景视图的旋转、移动、缩放等。如图11-7所示为【选择工具】工具选项栏中的3D对象工具。

图11—7

1．使用3D对象工具移动、旋转或缩放模型

可以选择工具箱中的3D对象工具来旋转、缩放模型或调整模型位置。当操作 3D 模型时，相机视图保持固定。

【旋转】：上下拖动可将模型围绕其 X 轴旋转；两侧拖动可将模型围绕其 Y 轴旋转。按住【Alt（Windows）/Option（Mac OS）】键的同时进行拖动可滚动模型。

【滚动】：两侧拖动可使模型绕Z轴旋转。

【拖动】：两侧拖动可沿水平方向移动模型；上下拖动可沿垂直方向移动模型。按住【Alt（Windows）/Option（Mac OS）】键的同时进行拖动可沿X/Z方向移动。

【滑动】：两侧拖动可沿水平方向移动模型；上下拖动可将模型移近或移远。按住【Alt（Windows）/Option（Mac OS）】键的同时进行拖动可沿X/Y方向移动。

【缩放】：上下拖动可将模型放大或缩小。按住【Alt（Windows）/Option（Mac OS）】键的同时进行拖动可沿Z方向缩放。

2．使用3D轴来移动、旋转、缩放模型

通过3D轴也可以完成对3D图像的移动、缩放、旋转等操作。

（1）如果要移动图像可以将光标放到坐标轴的锥尖上，然后按住鼠标左键向对应的方向拖动，可以移动图像，如图11-8所示。

图11—8

（2）如果想要旋转 3D 对象，可以将光标放到 3D 轴的锥尖下面的弯曲线段上，这时会出现一个黄色的圆圈，按住鼠标左键拖动到相应的位置，可以完成图像的旋转操作，如图11-9所示。

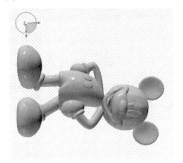

图11—9

（3）如果想要对3D图像进行缩放操作，可以将光标放到3D轴最下端的"白色方块"上或者是放到旋转的"弯曲线段"下面的方块上，其中"白色方块"是对图像整体缩放；而旋转的"弯曲线段"下面的方块是根据该坐标轴的方向对图像进行缩放，如图11-10和图11-11所示。

图11-10   图11-11

11.3 【3D】调板

执行【窗口】>【3D】命令，弹出【3D】调板，在【3D】调板中可以创建3D对象，在使用Photoshop创建3D文件之后，在【3D】调板中会出现与创建的文件有关的选项，通过这些选项可以了解创建的3D文件是由哪些选项来组成的，并且还可以通过这些选项来编辑和修改3D图像。

在Photoshop的【3D】调板中一共分为场景、网格、材质、源选项设置。

执行【窗口】>【3D】命令，可以打开如图11-12所示的【3D】调板。在默认情况下，【3D】调板以场景模式显示，即"🗔"按钮自动处于被激活的状态，此时调板中将显示选中的3D图层中每一个3D对象的网格、材料、光源等信息。

单击鼠标左键选择【3D】调板中的选项，在【属性】调板中会出现所对应的参数，如图11-12所示。

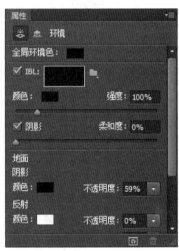

图11-12

11.3.1 / 环境

在Photoshop的3D环境中，可以用来设置3D对象的全局颜色、地面颜色、反射颜色、背景颜色等，如图11-13所示。

 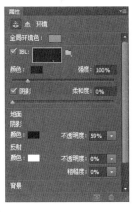

图11—13

【全局环境色】：设置在反射表面上可见的全局环境光的颜色。该颜色与用于特定材质的环境色产生相互作用。单击【全局环境色】选项后面的颜色块，可以弹出【拾色器（全局环境色）】对话框，在对话框中可以设置全局的环境颜色。

【IBL】：用于为场景启用基于图像的光照，勾选改选项时，场景中的图像能够正常显示。该选项中的【颜色】副选项用于设置光照颜色，【投影】副选项用于设置为场景启用基于图像的光照的投影。

11.3.2 场景

在Photoshop的3D场景中，可以用来设置3D对象的渲染模式、修改对象的纹理等，如图11-14所示为【3D场景】调板。

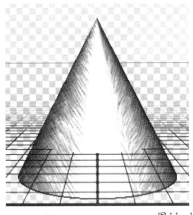 

图11—14

【预设】：指定模型的渲染预设。

【横截面】：选中该复选框可创建以所选角度与模型相交的平面横截面。这样，可以切入模型内部，查看图像里面的内容。

在选中【横截面】复选框后，可以将3D模型与一个不可见的平面相交，也可以查看该模型的横截面，该平面以任意角度切入模型并仅显示其一个侧面上的内容。如图11-15所示为没有选中【横截面】复选框的效果和选中【横截面】复选框的效果。

图11—15

【表面】：【实色】选项使用 OpenGL 显卡上的 GPU 绘制没有阴影或反射的表面；【未照亮的纹理】：绘制没有光照的表面，而不仅仅显示选择的【纹理】下拉列表框中的选项；【平坦】选项对表面的所有顶点应用相同的表面标准，创建表面外观；【常数】选项用当前指定的颜色替换纹理；【外框】选项显示反映每个组件最外侧尺寸的对话框；【正常】选项以不同的RGB颜色显示表面标准的X、Y和Z组件；【深渡映射】选项显示灰度模式，使用明度显示深度；【绘画蒙版】选项可绘制区域以白色显示，过度取样的区域以红色显示，取样不足的区域以蓝色显示。

【纹理】：【表面样式】设置为【未照亮的纹理】时，指定纹理映射。

【移去背面】：隐藏双面组件背面的表面。

如图11-16所示为【表面样式】下拉列表框中不同选项所实现的图像效果。

| 正常 | 实色 | 未照亮的纹理 | 绘画蒙版 |

图11—16

【线条】选项决定线框线条的显示方式。

【边缘样式】：反映用于以上【表面样式】的【常数】、【平滑】、【实色】和【外框】选项。

【阈值】：调整出现模型中的结构线条数量。当模型中的两个多边形在某个特定角度相接时，会形成一条折痕或线。如果边缘在小于【折痕阈值】设置（0～180）的某个角度相接，则会移去它们形成的线。若设置为"0"，则显示整个线框。

【宽度】：指定宽度（以像素为单位）。

如图 11-17 所示为【边缘样式】下拉列表框中【常数】和【外框】选项所实现的图像效果。

常数　　　　　　　　　　　　外框

图11—17

【点】选项用于调整顶点的外观。

【点样式】：反映用于以上【表面样式】的【常数】、【平滑】、【实色】和【外框】
选项。

【半径】：决定每个顶点的像素半径。

如图11-18所示为【顶点样式】中【常数】和【外框】选项所能实现的图像效果。

常数　　　　　　　　　　　　外框

图11—18

【渲染】：设置好3D场景中对象的渲染方式之后，单击【属性】调板的右下方的◙【渲
染】按钮可以渲染图像。

11.3.3 ／ 3D网格

3D模型中的每个网格都出现在【3D】调板顶部的单独线条上。选择网格，可访问网格设
置和【3D】调板底部的信息。这些信息包括应用于网格的材质和纹理数量，以及其中所包含
的顶点和表面的数量。

在【3D】调板中单击"◙"按钮，可以在【3D网格】调板显示出当前3D对象的网络对
象，如图11-19所示。

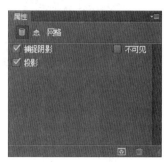

图11—19

【捕捉阴影】：控制选定网格是否在其表面上显示其他网格所产生的阴影。

如果要在网格上捕捉地面所产生的阴影，执行【3D】>【地面阴影捕捉器】命令。要将这些阴影与对象对齐，执行【3D】>【将对象贴紧地面】。

【投影】：控制选定网格是否投影到其他网格表面上。

【不可见】：隐藏网格，但显示其表面的所有阴影。

11.3.4 / 3D材质

【3D】调板顶部列出了在 3D 文件中使用的材质。可以使用一种或多种材质来创建模型的整体外观。如果模型包含多个网格，则每个网格都可能会有与之关联的特定材质。或者模型可能是通过一个网格构建的，但在模型的不同区域中使用了不同的材质。

单击【3D】调板顶部的"▦"按钮，在【3D材质】调板中会出现当前所需要使用的3D材质，如图11-20所示。单击选项右侧的"┃▾"按钮，可以弹出一个选择材质的下拉调板，如图11-21所示。

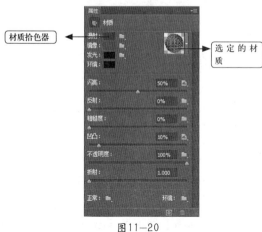

图11—20　　　　　　　　　　　　　　　图11—21

【漫射】：材质的颜色。漫射映射可以是实色或任意 2D 内容。如果选择移去漫射纹理映射，则【漫射】色板值会设置漫射颜色。还可以通过直接在模型上绘画来创建漫射映射。

【不透明度】：增加或减少材质的不透明度（在0%～100% 范围内）。纹理映射的灰度值控制材质的不透明度。白色值创建完全的不透明度，而黑色值创建完全的透明度。

【凹凸】：在材质表面创建凹凸，无须改变底层网格。凹凸映射是一种灰度图像，其中较亮的值创建突出的表面区域，较暗的值创建平坦的表面区域。可以创建或载入凹凸映射文件，或开始在模型上绘画以自动创建凹凸映射文件。

【正常】：像凹凸映射纹理一样，正常映射会增加表面细节。与基于单通道灰度图像的凹凸纹理映射不同，正常映射基于多通道（RGB）图像。每个颜色通道的值代表模型表面上正常映射的X、Y和Z分量。正常映射可用于使多边形网格的表面变平滑。

【反射】：增加 3D 场景、环境映射和材质表面上其他对象的反射。

【光泽】：定义来自光源的光线经表面反射，折回到人眼中的光线数量。可以通过在文本框中输入值调整光泽度。如果创建单独的光泽度映射，则映射中的颜色强度控制材质中的光泽度。黑色区域创建完全的光泽度，白色区域移去所有光泽度，而中间值减少高光大小。

【闪亮】：定义【光泽】设置所产生的反射光的散射。低反光度（高散射）产生更明显的光照，而焦点不足；高反光度（低散射）产生较不明显、更亮、更耀眼的高光。

【环境】：设置在反射表面上可见的环境光的颜色。该颜色与用于整个场景的全局环境色相互作用。

【折射】：在【3D场景】调板中将【品质】设置为【光线跟踪草图】，且已在执行【3D】>【渲染设置】命令弹出的对话框中选中【折射】复选框时可以设置折射率。两种折射率不同的介质（如空气和水）相交时，光线方向发生改变，即产生折射。新材质的默认值是1.0（空气的近似值）。

11.3.5 / 3D光源

在Photoshop中可以为3D对象设置光源，从而使3D对象呈现不同的视觉画面效果，单击【3D】调板中的"💡"按钮，在【3D光源】调板中会显示当前3D对象的光源。如图11-22所示为一个3D对象。如图11-23所示为其光源的设置情况。

图11-22   图11-23

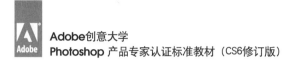

1．调整光源属性

【预设】：应用存储的光源组和设置组。

【光照类型】：选择光源。

【强度】：调整亮度。

【颜色】：定义光源的颜色。单击色块以访问拾色器。

【图像】：从前景表面到背景表面、从单一网格到其自身或从一个网格到另一个网格的投影。应用此选项可稍微改善性能。

如图11-24所示为3D图像添加各种灯光后所呈现的不同图像效果。

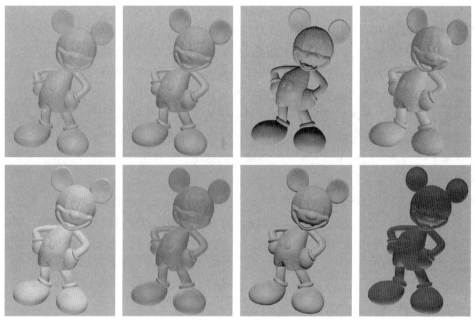

图11—24

2．调整光源位置

在Photoshop中，每一个光源都可以被移动、旋转等，要完成光源位置的调整操作，可以使用下面的工具。

【3D光源旋转工具】：用于旋转聚光灯和无限光。

【3D光源平移工具】：用于将聚光灯或点光移动至同一3D平面中的其他位置。

【3D光源滑动工具】：用于将聚光灯和点光移远或者移近。

【位于原点处的点光】：选择某一聚光灯后单击此按钮，可以使光源正对3D对象的中心。

【移至当前视图】：选择某一光源后单击此按钮，可以将其置身于当前视图的中间。

3．添加、替换或存储光源组

要存储光源组以供以后使用，将这些光源组存储为预设。要包含其他项目中的预设，可以添加到现有光源，也可以替换现有光源。

【添加光源】：对于现有光源，添加选择的光源预设。

【替换光源】：用选择的预设替换现有光源。

【存储光源预设】：将当前光源组存储为预设，这样可以重新载入。

11.4 创建和编辑3D图像的纹理

在Photoshop 中，可以使用绘画工具和调整工具来编辑3D文件中包含的纹理，或创建新纹理。纹理作为2D文件与3D模型一起导入。它们会作为条目显示在【图层】调板中，嵌套于3D图层下方，并按以下映射类型编组：散射、凹凸、光泽度等。

11.4.1 编辑2D格式的纹理

双击【图层】调板中的纹理或者在【3D材质】调板中，选择包含纹理的材质。在【3D材质】调板中，单击要编辑的纹理图标""，选择【打开纹理】命令，然后使用任意Photoshop 工具在纹理上绘画或编辑纹理，如图11-25所示。激活包含3D模型的窗口，以查看应用于模型的已更新纹理。关闭纹理文档并存储更改。

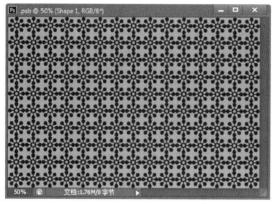

图11—25

11.4.2 显示或隐藏纹理

可以显示和隐藏纹理以帮助识别应用了纹理的模型区域。单击"纹理"图层旁边的眼睛图标。要隐藏或显示所有纹理，单击顶层"纹理"图层旁边的眼睛图标，如图11-26所示。

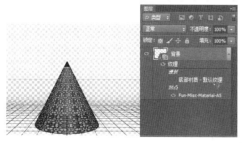
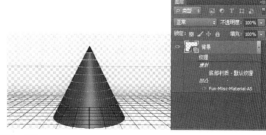

图11—26

11.4.3 / 重新参数化纹理映射

在使用Photoshop打开3D文件时，可能偶尔会打开其纹理未正确映射到底层模型网格的 3D 模型。效果较差的纹理映射会在模型表面的外观产生明显的扭曲，如多余的接缝、纹理图案中的拉伸或挤压区域等。当在模型上绘画时，效果较差的纹理映射还会造成不可预料的结果。

使用【重新参数化】命令可将纹理重新映射到模型，以校正扭曲并创建更有效的表面覆盖。

执行【3D】>【重新参数化】命令，在弹出的对话框中单击【确定】按钮，然后在弹出的对话框中选择【低扭曲度】或者【较少接缝】按钮确定重新参数化纹理映射的方式，如图11-27所示。

图11—27

11.5 存储和导出3D文件

在Photoshop中编辑3D对象时，可以将3D图层合并、栅格化3D图层、与2D图层合并、导出3D图层。

1．导出3D图层

执行【3D】>【导出3D图层】命令，可以选择Collada DAE、Wavefront|OBJ、U3D 或 Google Earth 4 KMZ的3D 格式导出 3D 图层。

2．合并3D图层

执行【3D】>【合并3D图层】命令，可以合并一个场景中的多个模型，合并后可以单独地编辑每个模型，也可以在多个模型上使用对象工具或者相机工具。

3．存储3D文件

执行【文件】>【存储】命令，可以保存3D 模型的位置、光源、渲染模式和横截面，保存的文件可以选择PSD、PSB、TIFF或PDF格式存储。

4．合并3D与2D图层

在Photoshop CS6的3D功能中，可以将 3D 图层与一个或多个 2D 图层合并，在 2D 文件和3D 文件都打开时，将 2D 图层或 3D 图层从一个文件拖动到打开的其他文件的文档窗口中。

11.6 综合案例——制作三维文字效果

使用Photoshop的3D功能，为如图11-28所示的图像添加一个三维的文字效果，然后将其转化成普通图层，最后与背景层合并。

📹 **知识要点提示**

使用【凸纹】命令创建三维文字效果。

使用【栅格化】命令转换图层。

合并图层。

📁 **操作步骤**

01 打开"素材/第11章/七彩色环.jpg"，然后单击【图层】调板中的【创建新图层】按钮，创建一个新的图层，如图11-28所示。

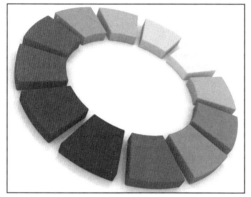

图11-28

02 选择工具箱中的【横排文字工具】，在文字工具选项栏中设置参数，如图11-29所示。

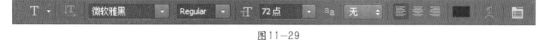

图11-29

03 在图层中创建文字"七彩的梦想"字样，单击工具选项栏中的【创建变形文字】按钮，在弹出的对话框中设置参数，如图11-30所示。然后单击【确定】按钮，得到文字变形效果，选择工具箱中的【移动工具】，将其移动到合适位置，如图11-31所示。

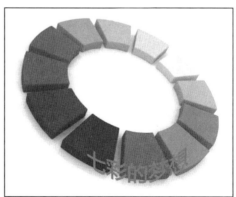

图11-30　　　　　　　　　　　　　　　图11-31

04 在文字图层上单击鼠标右键，在弹出的快捷菜单中选择【从所选图层新建3D凸出】命令，将文字图层转换为3D图层，同时文字也变成三维文字效果，如图11-32所示。

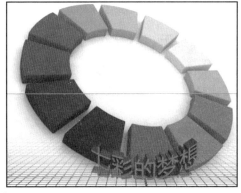

图11-32

05 单击【3D】面板中【材质】按钮，在【属性】面板中设置【形状预设】为"斜面"，如图11-33所示。其他参数设置如图11-34所示。

图11-33

图11-34

06 执行【图层】>【栅格化】>【3D】命令，将创建的3D文字图层转化成普通图层，如图11-35所示。

图11-35

07 执行【图层】>【向下合并图层】命令或者按【Ctrl（Windows）/Command（Mac OS）+E】组合键可以将图层合并，如图11-36所示。得到最终图像效果，如图11-37所示。

图11—36

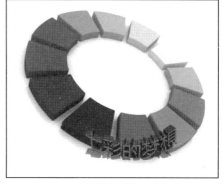

图11—37

11.7　本章小结

　　本章主要讲述Photoshop的3D功能，通过3D功能，能对三维图形软件创建的图像文件做进一步的编辑和修改，同时也能使用Photoshop来直接创建简单的3D模型，实现二维图像与三维图像的巧妙结合，来创建更加美妙的图像。

11.8　本章习题

　　使用Photoshop制作一张简单的添加三维文字效果的3D明信片。

重点难点提示

　　使用【从图层新建3D明信片】命令。
　　使用【凸纹】命令创建三维文字。

第12章
动作自动化与视频动画

在Photoshop中有的时候要对一些图像进行同样的处理，如果对单个图像进行相同的处理，会浪费很多的时间，而且有的时候会出现参数差异的错误，使用【动作】调板可以完成图像的快速批量处理。

在Photoshop CS6中，还可以完成图像序列文件的处理，用来修改视频图像文件和创建动画效果。

本章学习要点

- ☑ 了解【动作】调板的有关命令
- ☑ 学会使用自动化命令对图像进行批处理
- ☑ 掌握动画与视频文件的编辑处理及应用

12.1 动作自动化

动作是指在单个文件或一批文件上执行的一系列任务，如菜单命令、调板选项、工具动作等。例如，可以创建这样一个动作，首先更改图像大小，对图像应用效果，然后按照所需格式存储文件。

12.1.1 【动作】调板

执行【窗口】>【动作】命令，打开【动作】调板，使用【动作】调板可以记录、播放、编辑和删除各个动作，如图12-1所示。此调板还可以用来存储和载入动作文件。

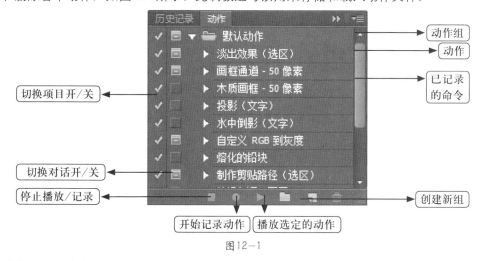

图12-1

动作可以包含相应步骤，使用户可以执行无法记录的任务（如使用绘画工具等）。

【动作组】：用于显示当前动作所在的文件夹的名称。

【切换项目开/关】：如果在调板上的动作左边有该图标，则这个动作就是可执行的；如果没有图标，就表示该组中的所有动作都是不可执行的。

【切换对话开/关】：如果在调板上的动作左边有该图标，则在执行该动作时会暂时停在有对话框的位置，在对弹出对话框的参数进行设置之后单击【确定】按钮，接着该动作才继续往下执行。如果没有该图标，则动作按照设定的过程逐步进行操作，直至最后一个操作完成。仔细观察会发现有的图标是红色的，那就表示该动作中只有部分动作是可执行的。如果在该图标上单击，它会自动将动作中所有不可执行的操作全部形成可执行的操作。

【停止播放/记录】：它只有在录制动作或播放的时候才是可用的。

【开始记录动作】：单击该按钮时Photoshop CS6开始录制一个新的动作，处于录制状态时，图标呈红色，此时这个按钮是不可用的。

【播放选定的动作】：动作回放或执行动作。当做好一个动作时可以单击此按钮来观看制作的效果。单击此按钮会自动执行动作。如果中途要暂停，则可以单击【停止播放/记录】按钮。

【创建新组】：单击该按钮就可以创建一个新组。

12.1.2 / 编辑动作

单击【动作】调板右上角的"  "按钮，会弹出如图12-2所示的菜单。此菜单中的命令可以用于编辑和修改动作命令。

在弹出的菜单中选择【按钮模式】命令可以将【动作】调板的显示方式修改为按钮模式，如图12-3所示。

图12-2   图12-3

1．新建动作或者动作组

【新建动作】：选择该命令将弹出【新建动作】对话框，可根据需要在其中设置动作名称、所在组、功能键等，设置完成后单击【记录】按钮即可开始记录，如图12-4所示。

图12-4

【新建组】：该命令用于新建动作组，可以在其中设置动作组名称，也可以使用默认设置，完成后单击【确定】按钮即可新建一个组，如图12-5所示。

图12-5

2．删除动作或者动作组

【删除】：用于删除当前所选的动作、动作组或操作。如图12-6所示为删除前面创建的动作、动作组。

图12-6

3．记录、播放与停止动作

【开始记录】：该命令可以开始记录动作。

【再次记录】：该命令可以对一些需要进行再次设置的操作重新记录。

【插入菜单项目】：当录制一些命令时会发现所执行的命令并没有被录制下来。这些命令包括绘画和上色工具、工具选项、视图和窗口命令。选择该命令将弹出【插入菜单项目】对话框，然后在菜单中选择所需的命令，例如【曲线】命令，单击【确定】按钮即可在动作中添加调整曲线操作，如图12-7所示。

图12-7

【插入停止】：当执行动作播放时，如果希望停止，执行不可被记录的操作（如使用绘图工具），或者希望查看当前的工作进度，选择该命令可以插入停止。图12-8所示在【动作】调板中添加了停止功能。

图12-8

4．编辑与存储动作

【插入路径】：在动作录制过程中，如果需要绘制路径，可选择该命令。

【动作选项】：可以对动作的名称、功能键和颜色进行重命名和选取。

【回放选项】：有时在执行一个比较长的动作时会发生不能正常播放的问题，使用该命令可以回放所执行的操作，轻松找出问题所在。可以根据需要设定回放的速度来检查。

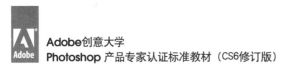

【清除全部动作】：如果【动作】调板中的所有动作都不再需要，选择该命令可以清除全部动作。

【复位动作】：选择该命令可将默认组开启到【动作】调板中，或者只显示默认值。

【替换动作】：通过该命令可以使用载入的动作代替当前调板上的动作。

【存储动作】：可以将创建的动作存储在一个单独的动作文件中，以便在必要的时候使用它们。

【载入动作】：可以载入其他动作到调板中。

【命令】：可显示命令组，在其中选择所需命令来显示相应的调板和执行相应的命令。

【图像效果】：该命令可以为图像添加一些效果。这些效果通常是由一系列的操作和滤镜组合而成的。

从【动作】调板上选择要使用的动作，单击【播放选定的动作】按钮，即可将当前选择的动作应用到图像上。如果选择的是动作的某一步操作，则作用到图像上的动作是该操作之后的动作。如果是在按钮模式下单击动作的按钮，即可对图像应用动作。如果希望单步播放动作，则先选中该步，按住【Ctrl（Windows）/Command（Mac OS）】键的同时单击【播放选定的动作】按钮即可。

12.2 自动化命令

自动化命令主要用于将要处理的任务组合到一个或者是多个窗口中，来简化复杂的任务，提高工作效率。

1．批处理

【批处理】命令可以对一个文件夹中的文件运行动作。如果有带文档输入器的数码相机或扫描仪，也可以用单个动作导入和处理多个图像。扫描仪或数码相机可能需要支持动作的导入增效工具模块。

当对文件进行批处理时，可以打开、关闭所有文件并存储对原文件的更改，或将修改后的文件版本存储到新的位置（原始版本保持不变）。如果要将处理过的文件存储到新位置，则可能希望在开始批处理前先为处理过的文件创建一个新文件夹。

执行【文件】>【自动】>【批处理】命令，弹出【批处理】对话框，如图12-9所示。

【播放】：在该选项组的【组】下拉列表框中选择要应用的组名称，然后在【动作】下拉列表框中选择要应用的动作。

【源】：在【源】下拉列表框中选择要处理的文件。选择【文件夹】选项，可对已存储在计算机上的文件播放动作。单击【选择】按钮可以查找并选择文件夹。选择【导入】选项可对来自数码相机或者扫描仪的图像执行导入和播放动作。选择【打开的文件】选项，则对所有已打开的文件播放动作。如果选择【Bridge】选项，则用于对在Bridge中选定的文件播放动作。

【目标】：在【目标】下拉列表框中选择处理文件的目标，单击其下的【选择】按钮可以选择目标文件所在的文件夹。

【文件命名】：在【文件命名】选项组中可通过6个下拉列表框指定目标文件生成的命名

规则，也可指定文件名的兼容性，如Windows、Mac OS以及UNIX操作系统。

【错误】：在【错误】下拉列表框中可以选择处理错误的选项。【由于错误而停止】选项用于由于错误而停止进程，直至确认错误信息为止。【将错误记录到文件】选项将每个错误记录在文件中而不停止进程。如果有错误发生，则记录到文件中，在处理完毕后将出现错误提示信息。如果要查看错误文件，单击其下的【存储为】按钮并在弹出的对话框中命名错误文件。

完成上述设置和操作后，单击【批处理】对话框中的【确定】按钮，即可开始批处理。

图12-9

2．快捷批处理

【创建快捷批处理】命令是自动化操作中最常用的命令，通过此命令能够在极短的时间内使用指定的动作处理多个图像文件。将此命令与动作相配合是在Photoshop中工作效率最高的组合。如果要高频率地对大量图像进行同样的动作处理，应用快捷批处理可以大幅度提高工作效率。快捷批处理可以存储在桌面上或磁盘上的某个位置。

执行【文件】>【自动】>【创建快捷批处理】命令，弹出【创建快捷批处理】对话框，如图12-10所示。

图12-10

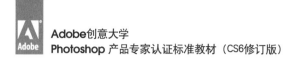
【组】：此下拉列表框中的选项用于定义要执行的动作所在的组。

【动作】：在此下拉列表框中可以选择要执行动作的名称。

【目标】：在此下拉列表框中选择【无】选项，表示不对处理后的图像文件进行任何操作；选择【存储并关闭】选项，将进行批处理的图像文件存储并关闭，以覆盖原来的文件；选择【文件夹】选项并单击其下的【选择】按钮，可以为进行批处理后的图像文件指定一个文件夹，以将其保存到该文件夹中。

【错误】：在此下拉列表框中选择【由于错误而停止】选项，可以指定当动作在执行过程中发生错误时处理错误的方式；选择【将错误记录到文件】选项，会将错误记录到一个文件中并继续批处理。

12.3 视频与动画

在Photoshop CS6中，可以编辑视频的图像序列帧文件，包括使用工具箱中的工具对视频帧进行处理，包括创建选区、绘画、变换、蒙版、滤镜、图层样式和混合模式等。

12.3.1 视频图层

在Photoshop中，打开视频图像序列文件时，会自动创建视频文件，如图12-11所示。图像帧包含在视频图层中。然后使用工具箱中的工具可以对图像进行修改和编辑，修改视频图像中的信息。

图12-11

通过调整混合模式、不透明度、位置和图层样式，可以像使用常规图层一样使用视频图层。也可以在【图层】调板中对视频图层进行编组。调整图层可将颜色和色调调整应用于视频图层，而不会造成任何破坏。

如果愿意在单独的图层上对帧进行编辑，可以创建空白视频图层。空白视频图层也可以创建手绘动画。

在 Photoshop 中支持图像序列的格式为 BMP、DICOM、JPEG、OpenEXR、PNG、PSD、Targa、TIF。

12.3.2 【时间轴】调板与时间轴

【时间轴】调板

动画是在一段时间内显示的一系列图像或帧。每一帧较前一帧都有轻微的变化，当连续、

快速地显示这些帧时就会产生运动或其他变化的错觉。

在 Photoshop CS6中，单击【时间轴】调板中右上角的 ▤ 按钮，在弹出的快捷菜单中执行【转换为帧】>【转换为帧动画】命令，将时间轴面板转换为动画帧显示。在动画帧显示模式下，会显示动画中每个帧的缩览图。使用调板底部的工具可浏览各个帧，设置循环选项，添加和删除帧以及预览动画。

时间轴菜单包含其他用于编辑帧或时间轴持续时间以及用于配置调板外观的命令。单击调板菜单按钮可查看可用命令，如图12-12所示。

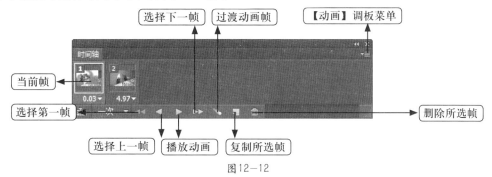

图12-12

【选择第一帧】：单击该按钮可以选择序列帧当中的第一帧作为当前帧。

【选择下一帧】：单击该按钮可以选择当前帧的下一帧。

【选择上一帧】：用于选择当前帧的上一帧。

【播放动画】：单击该按钮可以播放窗口中的动画，再次单击可以停止播放动画。

【过渡动画帧】：用在两个关键帧之间添加一个关键帧，使这两个关键帧与新添加的关键帧能够均匀地变化。单击该按钮会弹出【过渡】对话框，来修改过渡动画帧的参数。

【删除所选帧】：用于删除当前选定的帧。

【复制所选帧】：用于复制选定的帧。

可以按照帧模式或时间轴模式使用【动画】调板。时间轴模式显示文档图层的帧持续时间和动画属性。使用调板底部的工具可浏览各个帧，放大或缩小时间显示，切换洋葱皮模式，删除关键帧和预览视频。可以使用时间轴上自身的控件调整图层的帧持续时间，设置图层属性的关键帧并将视频的某一部分指定为工作区域。如图12-13所示为【动画】调板的时间轴模式。

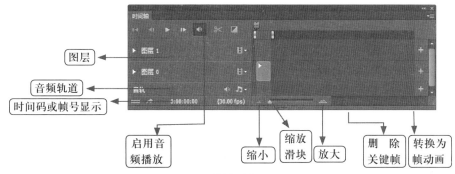

图12-13

【启用音频播放】：用于启用和关闭音频播放。

【放大】：用于放大视频、音频轨道。

【缩小】：用于缩小音频轨道。

【时间—变化秒表】：启用或停用图层属性的关键帧设置。选择此选项可插入关键帧并启用图层属性的关键帧设置。取消选择可移去所有关键帧并停用图层属性的关键帧设置。

【图层】：用于显示当前的图层的图像信息。

12.3.3 创建和编辑视频图层

1．创建视频图像

执行【文件】>【新建】命令，在弹出的【新建】对话框中，选择【预设】下拉列表中的【胶片和视频】选项，然后在【大小】下拉列表框中选择一个文件大小选项，单击【确定】按钮，可以创建一个空白的视频图像文件。

2．新建创建视频图层

执行【图层】>【视频图层】>【新建空白视频图层】命令，可以创建新的视频图层，如图12-14所示。

图12—14

3．修改像素长宽比

在计算机的显示设备上显示的图像是由方形的像素组成的，而在视频编码设备中图像的像素则是由非正方形设备组成的。如果在图像转换的时候则会导致因为像素的宽高比不一致使图像变形。

执行【视图】>【像素长宽比校正】命令，可以选择一个选项来修改像素的长宽比。如图12-15所示为修改前与修改后的图像对比。

图12—15

4．渲染视频

执行【文件】>【导出】>【渲染视频】命令，可以将视频输出为Quicktime影片，在Photoshop中还可以将时间轴动画与视频图层一起导出。

12.4 综合案例——制作下雨的动画效果

根据如图12-16所示的风景图片制作成一个下雨的动画效果。

知识要点提示

使用【动画】调板制作动画。

使用【动作】命令来录制动作。

【点状化】滤镜、【动感模糊】滤镜。

操作步骤

01 打开"素材/第12章/风景05.jpg"，然后将图像复制3层，如图12-16所示。

图12—16

02 执行【窗口】>【动作】命令，打开【动作】调板，如图12-17所示。在【动作】调板的右下方单击【创建新动作】按钮，在弹出的【新建动作】对话框中，设置名称为【下雨动画】，如图12-18所示，然后单击【记录】按钮，开始记录动作，如图12-19所示。

图12—17   图12—18   图12—19

03 选择【背景副本】图层，执行【滤镜】>【像素化】>【点状化】命令，在弹出的对话框中设置参数，如图12-20所示，得到图像效果如图12-21所示。

图12—20   图12—21

04 选择【背景副本2】图层，单击【动作】调板中的【停止播放／记录】按钮，然后单击【播放选定的动作】按钮，完成对【背景副本2】的编辑，设置图层混合模式为【正片叠底】。

05 选择【背景副本3】图层，单击【动作】调板中的【停止播放／记录】按钮，然后单击【播放选定的动作】按钮，完成对【背景副本3】的编辑，设置图层混合模式为【正片叠底】。

06 选择【背景副本】图层，执行【滤镜】>【模糊】>【动感模糊】命令，在弹出的对话框中设置参数为如图12-22所示。使用同样的方法编辑【背景副本2】、【背景副本3】设置参数为如图12-23和图12-24所示。

图12—22   图12—23   图12—24

07 设置【背景副本】、【背景副本2】、【背景副本3】的图层混合模式为【正片叠底】。然后调整【背景副本】、【背景副本2】、【背景副本3】的不透明度分别为"45"、"50"、"40"，得到如图12-25所示的效果。

图12—25

[08] 执行【窗口】>【时间轴】命令，单击【时间轴】面板中右侧的三角按钮，选择【转换帧】>【转换为帧动画】命令，在第一帧中将【背景副本2】和【背景副本】隐藏。单击【动画】调板中的【复制所选帧】按钮，复制得到第二帧，将【背景副本3】、【背景副本】隐藏。单击【复制所选帧】按钮，复制得到第三帧，将【背景副本3】和【背景副本2】隐藏，得到三个图像帧，如图12-26所示。

图12-26

[09] 单击【播放动画】按钮查看动画效果。执行【文件】>【存储为Web和设备所用格式】命令，在【存储为Web和设备所用格式】对话框中选择格式为GIF，存储动画。

12.5 本章小结

本章主要讲解Photoshop的动作与自动化处理以及制作简单动画的功能，通过动作与自动化功能能够缩短工作时间，提高工作效率，在单位时间内能够创造更多的效益。通过视频动画功能可以制作简单的动画。

12.6 本章习题

一、选择题

1. 在Photoshop中下面对【动作】面板与【历史记录】面板的描述哪些是正确的？（ ）

A. 历史面板记录的动作要比动作面板多

B. 虽然记录的方式不同，但都可以记录对图像所做的操作

C. 都可以对文件夹中的所有图像进行批处理

D. 在关闭图像后所有记录仍然会保留下来

2. 在动作面板中，按哪个键可以选择多个不连续的动作？（ ）

A.【Ctrl】键　　B.【Alt】键　　C.【Shift】键　　D.【Ctrl+Shift】键

3. 在Photoshop中批处理命令在哪个菜单中？（ ）

A.文件　B.编辑　　C.图像　D.视窗

4.下列哪个命令可以对所选的所有图像进行相同的操作？（ ）

A.批处理　B.动作　　C.历史记录　　D.变换

二、操作题

为如图12-27所示的风景照片添加一段简单的雪花飘落的动画，要求画面自然、真实。可以使用Photoshop中的滤镜、动画功能来完成。

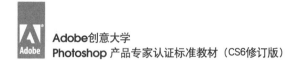
■ 重点难点提示

使用【动作】调板记录动作。

使用【点状化】滤镜制作雪花。

通过调整阈值色阶，修饰雪花，使其效果更加真实。

使用【动画】调板创建动画。

图12-27